责任编辑 王志媛 冯红春

微信号：Waterpub-Pro

唯一官方微信服务平台

销售分类：水利水电

中国水利水电科学研究院
CHINA INSTITUTE OF
WATER RESOURCES AND
HYDROPOWER RESEARCH

ISBN 978-7-5170-9726-6

定价：98.00 元

中国河湖
幸福指数报告
2020

RHR
RIVER HAPPINESS REPORT

中国水利水电科学研究院 著

中国水利水电出版社
www.waterpub.com.cn
·北京·

图书在版编目（CIP）数据

中国河湖幸福指数报告. 2020 / 中国水利水电科学研究院著. -- 北京：中国水利水电出版社，2021.7
ISBN 978-7-5170-9726-6

Ⅰ. ①中… Ⅱ. ①中… Ⅲ. ①河流—生态环境建设—研究报告—中国—2020②湖泊—生态环境建设—研究报告—中国—2020 Ⅳ. ①X321.2

中国版本图书馆CIP数据核字（2021）第125388号

书　　名	中国河湖幸福指数报告2020 ZHONGGUO HEHU XINGFU ZHISHU BAOGAO 2020
作　　者	中国水利水电科学研究院　著
出版发行	中国水利水电出版社 （北京市海淀区玉渊潭南路1号D座　100038） 网址：www.waterpub.com.cn E-mail: sales@waterpub.com.cn 电话：（010）68367658（营销中心）
经　　售	北京科水图书销售中心（零售） 电话：（010）88383994、63202643、68545874 全国各地新华书店和相关出版物销售网点
排　　版	中国水利水电出版社微机排版中心
印　　刷	天津嘉恒印务有限公司
规　　格	210mm×285mm　16开本　5.25印张　157千字
版　　次	2021年7月第1版　2021年7月第1次印刷
定　　价	98.00元

凡购买我社图书，如有缺页、倒页、脱页的，本社营销中心负责调换

版权所有·侵权必究

编委会名单

主　　　任	匡尚富
副　主　任	彭　静　王建华　曹文洪
委　　　员	彭文启　蒋云钟　吕　娟　郭庆超　李益农
	彭　祥　张建立　李璐潞　柳长顺
技术负责人	彭文启　柳长顺　渠晓东
编写组成员 （按姓氏笔画排序）	王　杉　王　静　王丹丹　王世岩　仇亚琴
	龙爱华　邬晓梅　刘　畅　刘　静　刘建刚
	刘海滢　孙东亚　劳天颖　杜龙江　李　娜
	李云鹏　杨青瑞　吴雷祥　余　杨　余　晓
	张　敏　张　晶　张志昊　张晓明　张海涛
	张海萍　陆　琴　陈　鹤　赵进勇　郝春沣
	胡　鹏　柳长顺　姜晓明　骆辉煌　秦　伟
	高继军　郭重汕　陶　园　黄　海　黄爱平
	渠晓东　葛金金　董　飞　解　莹　管孝艳
	鞠茜茜　魏　征　诸葛亦斯

内蒙古呼伦贝尔草原河曲 ©刘正会/视觉中国

前言

为人民谋幸福是中国共产党人的初心与使命。2019年9月18日，习近平总书记在郑州主持召开黄河流域生态保护和高质量发展座谈会，发出"让黄河成为造福人民的幸福河"的伟大号召。把每一条河流都打造成造福人民的"幸福河"，成为新时代我国河湖保护治理的目标指引。

幸福是人们主观上的感受。无论哪一条河流、哪一个湖泊，要让人感到幸福，就应在水安全、水资源、水环境、水生态、水文化等方面都有所体现，可见"幸福河"有其共性的客观特征。同时，中国的自然地理条件东西南北各异，河流湖泊或波澜壮美，或潺潺秀丽，给人以多种多样的美感，可见"幸福河"又以不同的表象呈现。因此，评价河湖幸福与否，要坚持以人民为中心，既要从河湖的一般社会与经济服务功能出发，系统度量水安全保障、水资源供给和水环境服务，也要因地制宜，立足于不同流域的自然禀赋和人文历史，科学评判水生态质量和水文化繁荣。

面向新时代河湖保护治理的国家需求，按照水利部的安排部署，中国水利水电科学研究院成立了幸福河湖研究课题组，以习近平新时代中国特色社会主义思想为指导，借鉴联合国《世界幸福报告》，探索幸福河湖内涵要义，构建了河湖幸福指数及其指标体系和测算方法，并在各流域机构的大力支持和配合下，以全国10个水资源一级区及太湖流域为对象，以2019年为基准年，对全国大江大河的河湖幸福整体状况进行了评估，编制了本报告，为建设造福人民的"幸福河"提供科学参考。

河湖幸福指数测算在我国甚至在全球范围均属首次，是一项探索性的工作，加之课题组理论经验水平及基础数据等因素的局限，本报告不当之处在所难免，恳请读者批评指正，以不断改进完善。期待通过共同努力，推动我国江河湖泊朝着幸福河湖的目标迈进。

编委会

2021年4月

目录

前言

第一部分　河湖幸福指数及其评价方法 1

第一章　幸福河湖内涵要义 2

第二章　河湖幸福指数及其评价标准 4

第二部分　中国河湖幸福状况评价 8

第三章　中国河湖评价范围 10

第四章　全国河湖幸福指数 11

第五章　流域河湖幸福指数 24

附录一　河湖幸福指数评价标准 58

一、河湖幸福指数指标体系 58

二、河湖幸福指数计算方法 60

三、河湖幸福状况分级标准 61

四、河湖幸福指数指标计算方法 62

附录二　评价数据来源简要说明 72

长江第一湾 ©刘珠明/视觉中国

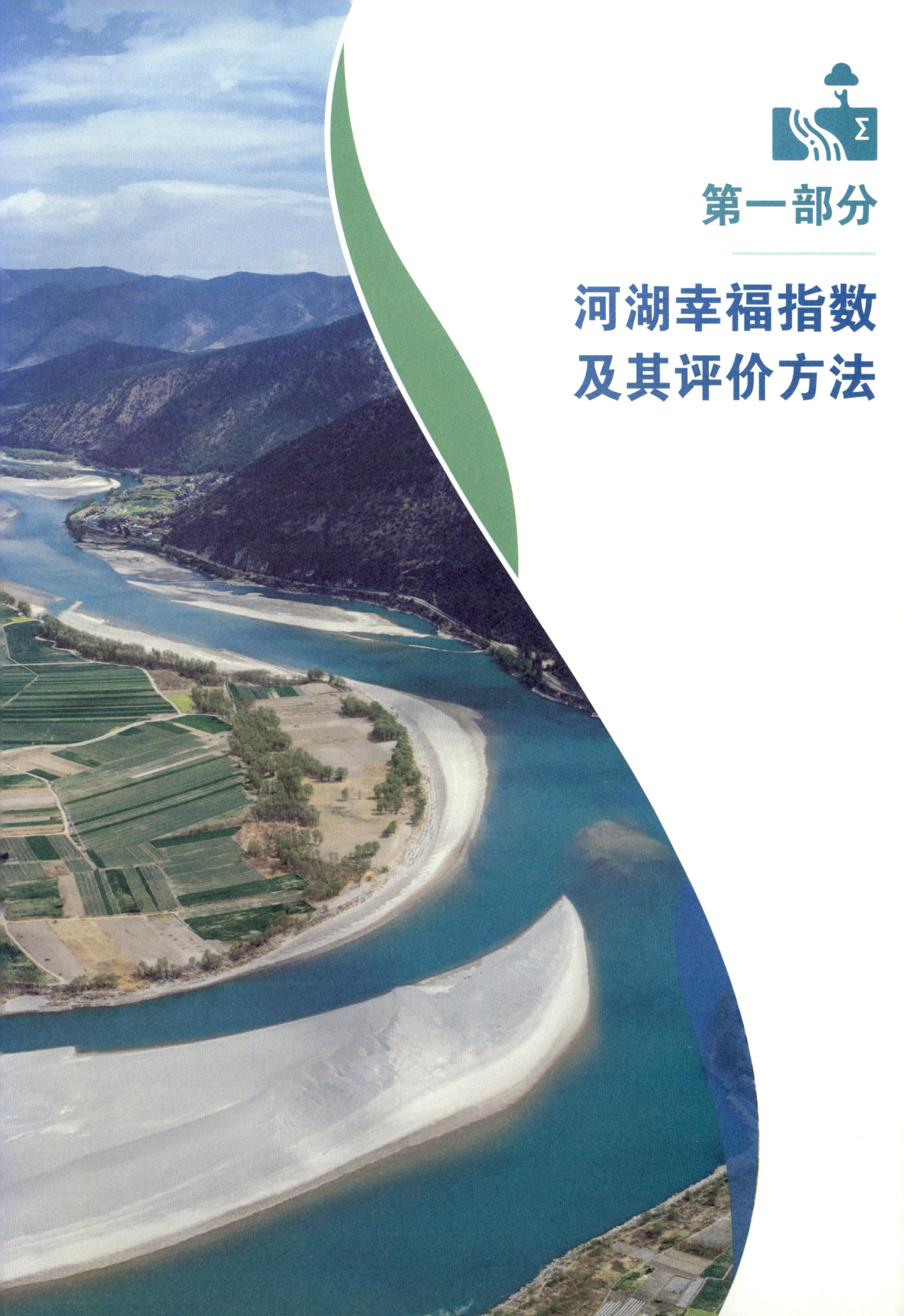

第一部分

河湖幸福指数及其评价方法

第一章
幸福河湖内涵要义

幸福河湖就是造福人民的河流湖泊，既要力求维护河湖自身健康，又要追求更好造福人民，具体体现为以下几方面的要求：维护河湖健康是幸福河湖的前提基础，为人民提供更多优质生态产品是幸福河湖的重要功能，支撑经济社会高质量发展是幸福河湖的本质要求，人水和谐是幸福河湖的综合表征，能否让人民具有安全感、获得感与满意度是幸福河湖的衡量标尺。因此，"幸福河湖"的定义如下：

> 幸福河湖是指能够维持河流湖泊自身健康，支撑流域和区域经济社会高质量发展，体现人水和谐，让流域内人民具有高度安全感、获得感与满意度的河流湖泊。幸福河湖就是永宁水安澜、优质水资源、宜居水环境、健康水生态、先进水文化相统一的河湖，是安澜之河、富民之河、宜居之河、生态之河、文化之河的集合与统称[1]。

[1]中国水利水电科学研究院幸福河湖研究课题组.幸福河内涵要义及指标体系探析[J].中国水利，2020(23)：1-4。

永宁水安澜

洪水是人类长期面临的最大自然威胁,历史上洪水泛滥成灾、破坏性巨大,给沿岸人民群众生命财产带来深重灾难,影响社会稳定和经济社会发展,改变国家文明和社会发展进程。防治水灾害,保障人民群众生命财产安全,实现**"江河安澜、人民安宁"**,持续提高沿河沿岸人民群众的安全感,为高质量发展保驾护航,这是幸福河湖的基本保障。

优质水资源

水是生命之源、生存之本、发展之要。提供优质水资源,实现**"供水可靠、生活富裕"**,让老百姓喝上干净卫生的放心水,让二、三产业用上合格稳定的满意水,让农业灌溉用上适时适量的可靠水,为人民提供更多优质的水利公共服务,持续支撑经济社会高质量发展,这是幸福河湖的基础功能。

宜居水环境

水环境质量是影响人居环境与生活品质的重要因素。建设宜居水环境,既要保护与改善自然河流湖泊的水环境质量,也要全面提升与百姓日常生活休戚相关的城乡水体环境质量,实现**"水清岸绿、宜居宜赏"**,让人民群众生活得更方便、更舒心、更美好,这是幸福河湖的良好形象。

健康水生态

维护良好的水生态既是人类社会永续发展的必要基础,也是最普惠的民生福祉。维护与修复健康水生态,实现**"鱼翔浅底、万物共生"**,维护河湖生态系统的健康,提升河流生态系统质量与稳定性,实现人与自然和谐,这是幸福河湖的最佳状态。

先进水文化

文化是民族的血脉,是人民的精神家园,是幸福生活的源泉。在长期的治水实践中,中华民族不仅创造了巨大的物质财富,也创造了宝贵的精神财富,形成了独特而丰富的水文化,成为中华文化和民族精神的重要组成部分。推进先进水文化建设,尊重河流、保护河流,调整人的行为,纠正人的错误行为,传承好历史水文化并丰富现代水文化内涵,实现**"大河文明、精神家园"**,更好地满足人民日益提高的文化生活需要,这是幸福河湖的最高境界。

第二章
河湖幸福指数及其评价标准

河湖幸福指数（River Happiness Index，RHI）是指综合反映河流及湖泊保持自身良好状态、满足人类需求或提供服务的能力与水平的指数，从水安全、水资源、水环境、水生态、水文化5个维度进行评价，形成水安澜保障度、水资源支撑度、水环境宜居度、水生态健康度和水文化繁荣度5个一级指标，每个一级指标由4个二级指标及相应的三级指标组成（见表2-1）。

塔里木河生态美景 ©王汉冰/视觉中国

表 2-1 河湖幸福指数指标体系

一级指标	二级指标	三级指标
水安澜保障度	1. 洪涝灾害人员死亡率	
	2. 洪涝灾害经济损失率	
	3. 防洪工程达标率	堤防防洪标准达标率
		水库防洪标准达标率
		蓄滞洪区防洪标准达标率
	4. 洪涝灾后恢复能力	
水资源支撑度	5. 人均水资源占有量	
	6. 用水保障率	城乡供水普及率
		实际灌溉面积比例
	7. 水资源支撑高质量发展能力	水资源开发利用率
		单方水国内生产总值产出量
	8. 居民生活幸福指数	人均国内生产总值
		恩格尔系数
		平均预期寿命
水环境宜居度	9. 河湖水质指数	河流水质指数
		湖库富营养化比例
	10. 地表水集中式饮用水水源地合格率	
	11. 地下水资源保护指数	
	12. 城乡居民亲水指数	
水生态健康度	13. 重要河湖生态流量达标率	
	14. 河湖自然生境保留率	水域面积保留率
		河流纵向连通性指数
	15. 水生生物完整性指数	
	16. 水土保持率	
水文化繁荣度	17. 历史水文化保护传承指数	历史水文化遗产保护指数
		历史水文化传播力
	18. 现代水文化创造创新指数	
	19. 水景观影响力指数	
	20. 公众水治理认知参与度	公众水意识普及率
		公众水治理参与度

河湖幸福指数计算公式：

$$RHI = \sum_{i=1}^{5} F_i W_i^f \quad (2-1)$$

$$F_i = \sum_{j=1}^{4} S_{i,j} W_{i,j}^s \quad (2-2)$$

$$S_{i,j} = \sum_{k=1}^{K} T_{i,j,k} W_{i,j,k}^t \quad (2-3)$$

式中：RHI为河湖幸福指数；F_i为第i个一级指标得分，i是一级指标下标，从1到5，分别表示水安澜保障度、水资源支撑度、水环境宜居度、水生态健康度、水文化繁荣度；W_i^f为第i个一级指标权重；$S_{i,j}$为第i个一级指标中第j个二级指标得分，j是二级指标下标，从1到4；$W_{i,j}^s$为第i个一级指标中第j个二级指标权重；$T_{i,j,k}$为第i个一级指标中第j个二级指标的第k个三级指标得分，k是三级指标下标，从1到K；$W_{i,j,k}^t$为第i个一级指标中第j个二级指标的第k个三级指标权重。

河湖幸福指数评价实行百分制。河湖幸福指数RHI分级标准见表2-2，各级评价指标分级标准见表2-3，各指标概念、计算方法及评价标准等见附录一。

表2-2 河湖幸福指数RHI分级标准表

河湖幸福指数 RHI	等 级	
RHI ≥ 95 分	很幸福	
85 分 ≤ RHI < 95 分	幸福	
60 分 ≤ RHI < 85 分	一般	80 分 ≤ RHI < 85 分 — 一般偏上
		70 分 ≤ RHI < 80 分 — 一般
		60 分 ≤ RHI < 70 分 — 一般偏下
RHI < 60 分	不幸福	

表2-3 河湖幸福指数评价指标分级标准表

指标赋分值 V*	等 级	
V ≥ 95 分	优秀	
85 分 ≤ V < 95 分	良好	
60 分 ≤ V < 85 分	中等	80 分 ≤ V < 85 分 — 中等偏上
		70 分 ≤ V < 80 分 — 中等
		60 分 ≤ V < 70 分 — 中等偏下
V < 60 分	差	30 分 ≤ V < 60 分 — 较差
		V < 30 分 — 很差

* V 表示 F_i、$S_{i,j}$ 或 $T_{i,j,k}$。

第二部分

中国河湖幸福状况评价

第三章
中国河湖评价范围

中国是世界上河湖众多的国家之一。4.5万余条江河奔流不息，2865个湖泊、9.8万多座水库星罗棋布，赋予中华民族美好家园无限活力与生机，为人民追求美好幸福生活奠定了坚实的基础。

中国河湖幸福状况以10个水资源一级区为评价单元，其中对长江区太湖流域单独评价。10个水资源一级区分别为：

（1）**松花江区**：包括松花江流域以及黑龙江、乌苏里江、图们江、绥芬河等国际河流中国境内部分。

（2）**辽河区**：包括辽河流域、辽宁沿海诸河以及鸭绿江中国境内部分。

（3）**海河区**：包括海河流域、滦河流域及冀东沿海。

（4）**黄河区**：包括黄河流域以及鄂尔多斯高原内流区。

（5）**淮河区**：包括淮河流域及山东沿海诸河。

（6）**长江区**：包括金沙江、岷沱江、嘉陵江、乌江、洞庭湖、汉江、鄱阳湖以及太湖流域等。

（7）**东南诸河区**：包括钱塘江、闽江以及浙东、浙南、闽东、闽南、台澎金马等区域诸河。

（8）**珠江区**：包括珠江流域、华南沿海诸河、海南岛及南海各岛诸河，其中珠江三角洲含香港特别行政区及澳门特别行政区。

（9）**西南诸河区**：包括红河、澜沧江、怒江、伊洛瓦底江、雅鲁藏布江等国际河流中国境内部分以及藏南、藏西诸河。

（10）**西北诸河区**：包括塔里木河等西北内陆河以及额尔齐斯河、伊犁河等国际河流中国境内部分。

评价基准年为2019年，本报告涉及的统计数据均未包括香港特别行政区、澳门特别行政区和台湾省，部分指标按照近3年或近5年统计数据进行评价。

第四章
全国河湖幸福指数

77.1分
全国河湖幸福指数

2019年全国河湖幸福指数为77.1分，河湖幸福状况处于一般等级。

全国河湖幸福指数评价总体情况见表4-1和图4-1，总体上南方地区好于北方地区。东南诸河区和太湖流域河湖幸福指数最高，河湖幸福状况属于一般偏上等级，长江区、西南诸河区和珠江区河湖幸福指数分别为79.9分、79.4分和79.3分，河湖幸福状况处于一般等级，上述南方水资源一级区河湖幸福指数均高于全国平均水平。在北方地区中，松花江区河湖幸福指数得分最高，为75.8分，与全国平均水平较为接近，西北诸河区、淮河区、黄河区得分均高于70分，河湖幸福状况处于一般等级。辽河区和海河区得分介于60～70分，河湖幸福状况处于一般偏下等级。

表4-1 全国河湖幸福指数评价总体情况

序号	水资源一级区	幸福指数/分
	全国	77.1
1	东南诸河区	82.9
2	太湖流域	81.0
3	长江区	79.9
4	西南诸河区	79.4
5	珠江区	79.3
6	松花江区	75.8
7	西北诸河区	74.0
8	淮河区	73.3
9	黄河区	71.0
10	辽河区	68.9
11	海河区	68.7

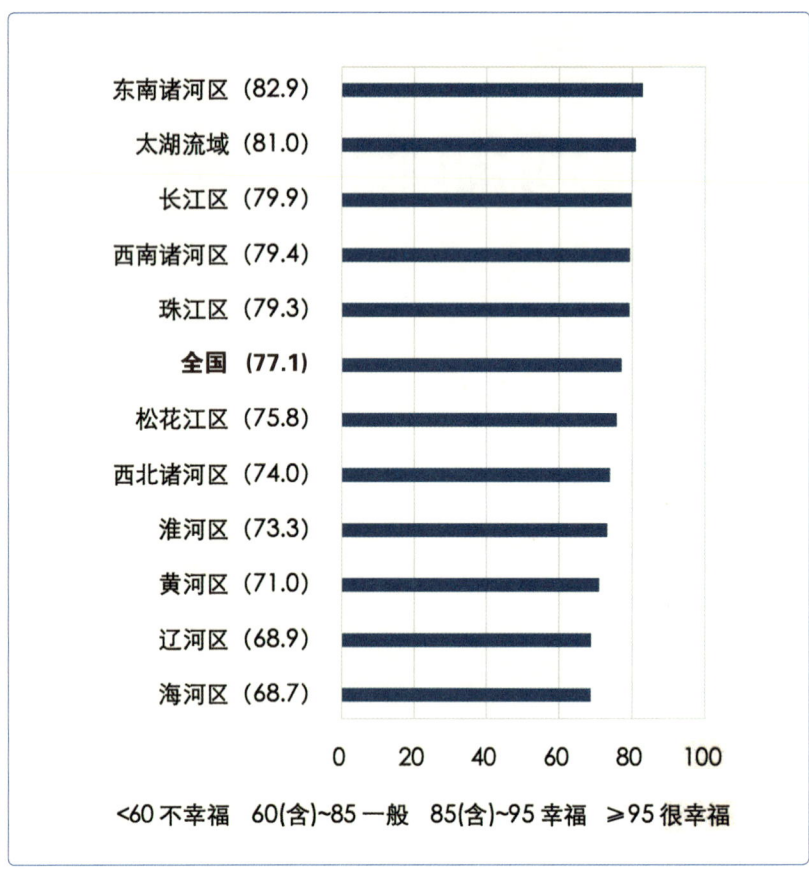

图4-1 全国水资源一级区河湖幸福指数

注：（ ）内数值为指标分值。

全国河湖幸福指数一级指标和二级指标评价结果见表4-2、图4-2和图4-3。

2019年全国河湖水安澜保障度得分最高，接近良好等级，水资源支撑度、水环境宜居度、水生态健康度和水文化繁荣度得分介于70～80分，均处于中等水平。

一级指标

表4-2 全国河湖幸福指数一级指标评价结果

一级指标	得分值	河湖幸福指数
水安澜保障度	84.9	77.1分
水资源支撑度	77.1	
水环境宜居度	70.4	
水生态健康度	74.1	
水文化繁荣度	77.0	

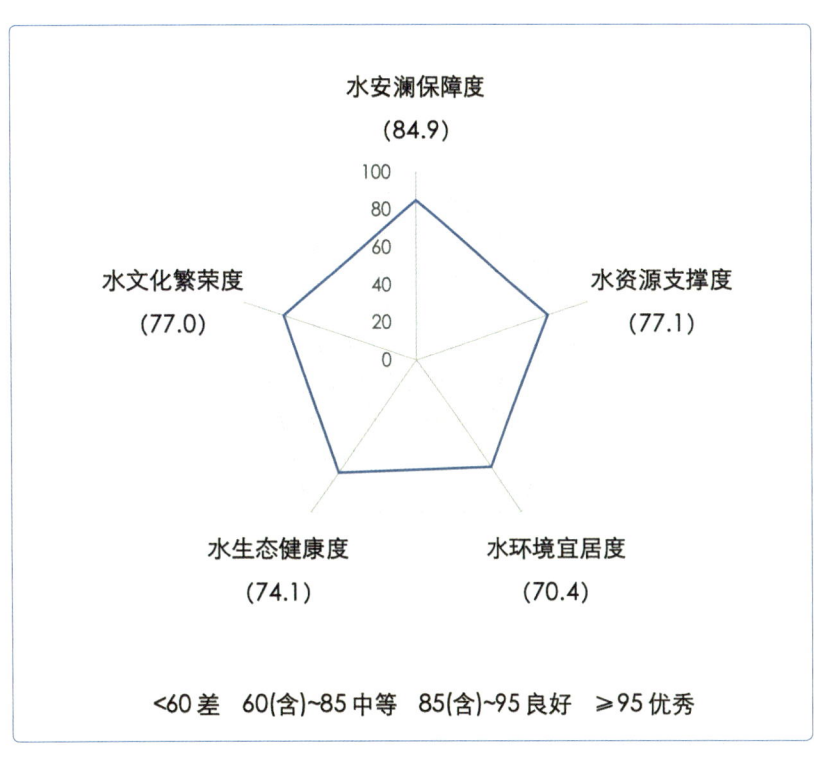

图4-2 全国河湖幸福指数一级指标

注：（ ）内数值为指标分值。

二级指标

二级指标中，地下水资源保护指数及城乡居民亲水指数得分较低，评价等级为较差；水资源支撑高质量发展能力、河湖自然生境保留率与水生生物完整性指数得分次低，处于中等偏下等级；洪涝灾害人员死亡率、用水保障率及水土保持率得分相对最高，达到了良好等级；洪涝灾害经济损失率、防洪工程达标率、人均水资源占有量、河湖水质指数、地表水集中式饮用水水源地合格率及历史水文化保护传承指数得分次高，属于中等偏上等级；其余二级指标得分介于70~80分，处于中等水平。

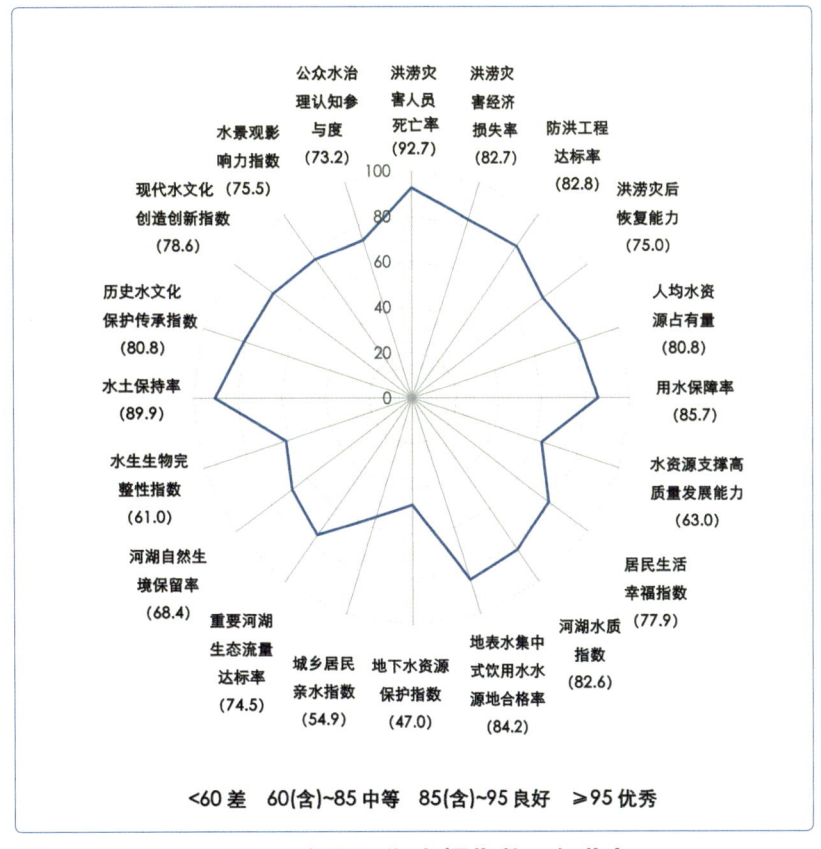

图4-3 全国河湖幸福指数二级指标

注：（ ）内数值为指标分值。

1　84.9分　水安澜保障度

全国水安澜保障度得分为84.9分（见表4-3），处于中等偏上等级。全国河湖水安澜状况总体表现为：防洪工程达标率总体已达到中等偏上等级，尽管洪涝灾后恢复能力仍处于中等水平，但洪水给沿岸人民群众生命财产带来的影响已经显著降低，就全国而言，河湖沿岸人民群众的安全感有了切实保障，实现"**江河安澜、人民安宁**"的永宁水安澜目标有了坚实基础。

表4-3　全国水安澜保障度评价结果表

永宁水安澜——水安澜保障度					
指标1：洪涝灾害人员死亡率	指标2：洪涝灾害经济损失率	指标3：防洪工程达标率			指标4：洪涝灾后恢复能力
		堤防防洪标准达标率	水库防洪标准达标率	蓄滞洪区防洪标准达标率	
		80.1分	85.5分	82.7分	
92.7分	82.7分	82.8分			75.0分
84.9分					

水资源一级区水安澜保障度评价结果如图4-4和图4-5所示。其中，太湖流域、黄河区、松花江区、淮河区、长江区得分均高于85分，达到良好等级；珠江区、海河区、辽河区、东南诸河区和西北诸河区得分高于80分，处于中等偏上等级；西南诸河区得分略低于80分，处于中等水平。

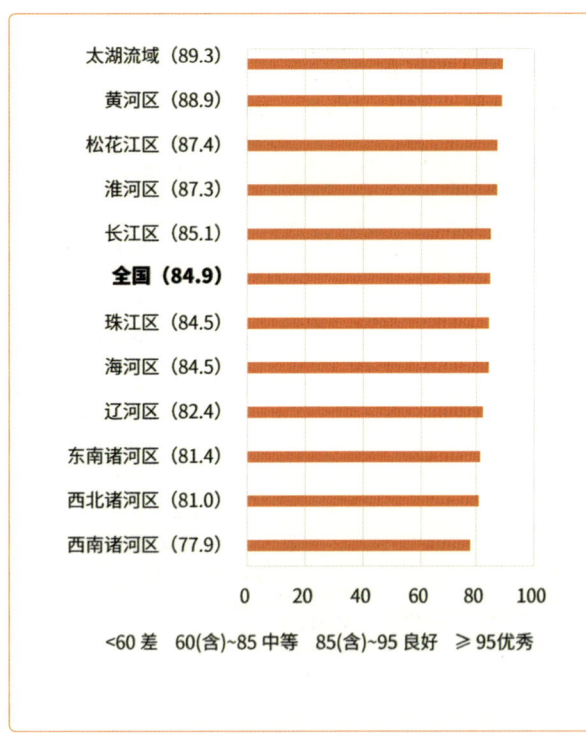

图4-4　全国水资源一级区水安澜保障度
注：（　）内数值为指标分值。

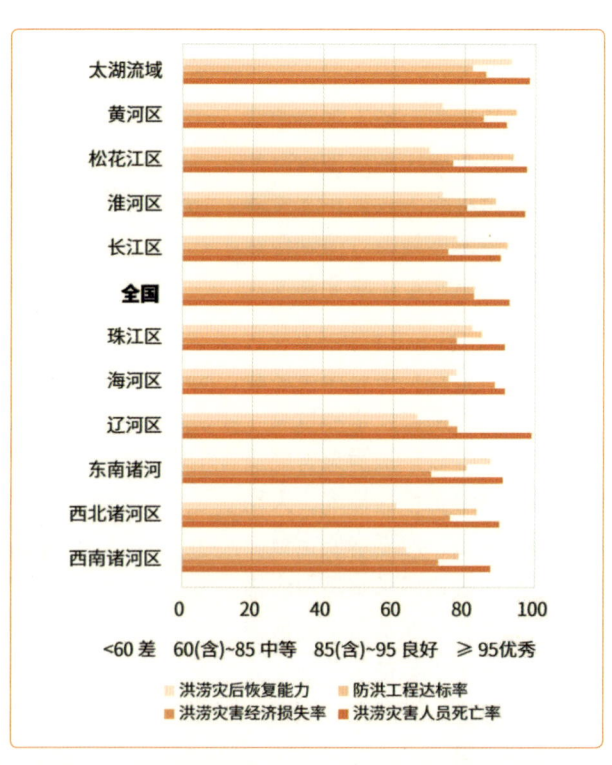

图4-5　全国水资源一级区水安澜保障度二级指标

| 指标1 | **洪涝灾害人员死亡率** | 2015—2019年，全国洪涝灾害人员死亡率为0.36人/百万人，洪涝灾害人员死亡率得分为92.7分，达到良好等级。辽河区、松花江区、太湖流域及淮河区得分均高于95分，达到优秀等级；其余水资源一级区得分均高于85分，达到良好等级。|

| 指标2 | **洪涝灾害经济损失率** | 2015—2019年，全国洪涝灾害经济损失率为0.26%，洪涝灾害经济损失率得分为82.7分，处于中等偏上等级。其中，黄河区、海河区与太湖流域得分高于85分，达到良好等级；淮河区得分高于80分，为中等偏上等级；其余水资源一级区得分介于70~80分，为中等水平，其中东南诸河区得分最低，为70.7分。|

| 指标3 | **防洪工程达标率** | 截至2019年年底，全国具有防洪功能且按照设计正常发挥防洪作用的大中型水库占规划大中型水库总数的比例达到95.7%，干流堤防防洪标准达标率达到80.1%，依据防洪规划可正常发挥行蓄滞洪作用的蓄滞洪区数量比例达到82.7%，为全国形成健全的防洪体系奠定了坚实基础。全国防洪工程达标率得分为82.8分，处于中等偏上等级。其中，松花江区、黄河区、长江区、淮河区和珠江区得分均达到良好等级；太湖流域、东南诸河区和西北诸河区处于中等偏上等级；西南诸河区、海河区和辽河区为中等水平。|

| 指标4 | **洪涝灾后恢复能力** | 全国洪涝灾后恢复能力得分为75.0分，处于中等水平，但不同区域差异明显。太湖流域是唯一得分超过90分的区域，和东南诸河区同处于良好等级，灾后恢复能力相对较高；珠江区得分超过80分，灾后恢复能力为中等偏上；辽河区、西南诸河区及西北诸河区洪涝灾后恢复能力得分介于60~70分，处于中等偏下等级；其他水资源一级区得分介于70~80分，处于中等水平。|

2 77.1分 水资源支撑度

全国水资源支撑度得分为77.1分（见表4-4），总体处于中等水平。全国水资源保障状况总体表现为：全国人均水资源量指标按照国际缺水警戒线标准总体处于中等偏上等级，全国用水保障率达到良好等级，全国平均水资源开发利用程度远低于40%，但水资源地区分布不均且与人口分布及生产力布局不相匹配，节水水平尚待进一步提升，单方水国内生产总值产出量与高收入国家比较存在明显差距，水资源支撑高质量发展能力总体属于中等偏下等级，持续发挥幸福河湖的基础功能，实现"供水可靠、生活富裕"的优质水资源保障目标还在路上。

表4-4 全国水资源支撑度评价结果表

优质水资源——水资源支撑度							
指标5：人均水资源占有量	指标6：用水保障率		指标7：水资源支撑高质量发展能力		指标8：居民生活幸福指数		
	城乡供水普及率	实际灌溉面积比例	水资源开发利用率	单方水国内生产总值产出量	人均国内生产总值	恩格尔系数	平均预期寿命
	92.2分	77.2分	97.6分	31.0分	51.4分	88.6分	92.4分
80.8分	85.7分		63.0分		77.9分		
77.1分							

水资源一级区水资源支撑度评价结果如图4-6和图4-7所示。总体而言，北方地区得分低于南方地区。其中黄河区、海河区、淮河区、辽河区和西北诸河区均低于70分，处于中等偏下等级。东南诸河区和太湖流域高于80分，达到中等偏上等级。

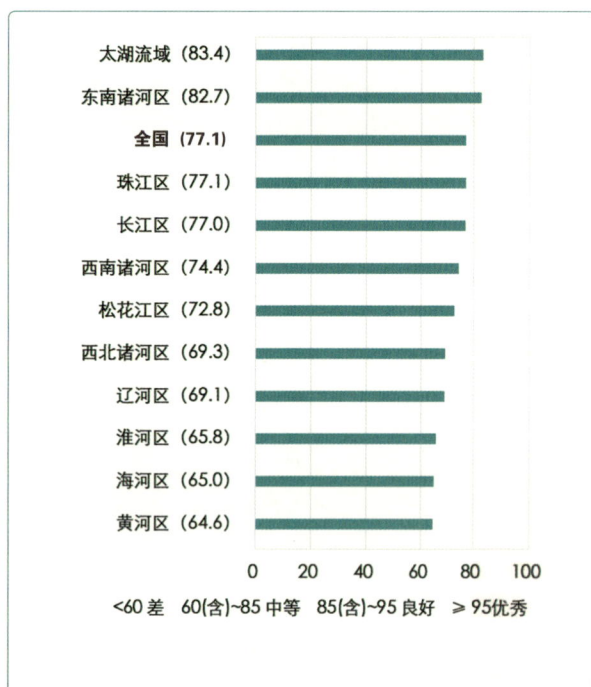

图4-6 全国水资源一级区水资源支撑度

注：（ ）内数值为指标分值。

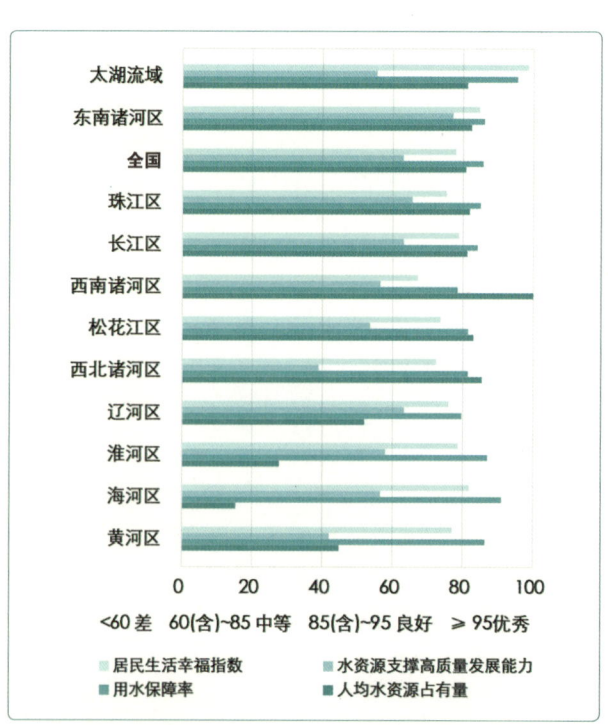

图4-7 全国水资源一级区水资源支撑度二级指标

| 指标5 | **人均水资源占有量** | 全国人均水资源占有量约2000m³，得分为80.8分，总体属于中等偏上等级。全国人均水资源占有量具有明显的南北差异。西南诸河区人均水资源量为2.5万m³，达到优秀等级；南方其他各区得分均高于80分，人均水资源占有量相对较高，属于中等偏上等级。北方地区中西北诸河区得分超过85分，达到良好等级，松花江区得分超过80分，属于中等偏上等级；北方其他各区得分较低，黄河区人均水资源占有量约为600m³，得分为44.8分，处于较差等级，淮河区和海河区人均水资源占有量分别为347.3m³和191.7m³，得分分别为27.8分和15.3分，均处于很差等级。 |

| 指标6 | **用水保障率** | 全国用水保障率得分为85.7分，达到良好等级。各区得分相对均衡。太湖流域城乡供水普及率为98.6%、实际灌溉面积比例为91.3%，均居首位，用水保障率得分最高为95.4分，达到优秀等级；海河区得分为91.0分，达到良好等级；西南诸河区城乡供水普及率为84.9%、实际灌溉面积比例为70.1%，用水保障率得分为78.5分；辽河区城乡供水普及率为83.8%、实际灌溉面积比例为74.2%，用水保障率得分为79.6分，均处于中等水平；其他区得分均在80分以上，处于中等偏上等级。 |

| 指标7 | **水资源支撑高质量发展能力** | 全国水资源支撑高质量发展能力得分为63.0分，处于中等偏下等级，总体上来看，水资源对高质量发展的支撑能力不足。分析其主要原因是当前单方水国内生产总值产出量与发达国家有较大差距。东南诸河区水资源开发利用率为14.7%、单方水国内生产总值产出量为296.7元/m³，水资源支撑高质量发展能力得分最高为77.1分。西北诸河区得分最低为38.9分，主要原因是水资源开发利用率高而用水效益低，水资源开发利用率为53.6%、单方水国内生产总值产出量为26.6元/m³，与以农业为主的产业结构有关。 |

| 指标8 | **居民生活幸福指数** | 全国居民生活幸福指数得分为77.9分，处于中等水平。太湖流域人均GDP为15.7万元，恩格尔系数为25.3%、平均预期寿命为78.4岁，居民生活幸福指数得分最高为98.6分，达到优秀等级。西南诸河区人均GDP偏低，仅为4.1万元，居民生活幸福指数得分最低为67.1分，处于中等偏下等级。 |

3 水环境宜居度 70.4分

全国水环境宜居度得分为70.4分（见表4-5），总体处于中等水平。全国水环境宜居状况总体表现为：河流水质总体达到良好等级，地表水集中式饮用水水源地合格率接近良好等级，但地下水资源保护状况偏差，湖库富营养化问题严重，与百姓日常生活休戚相关的城乡水体环境相对人民群众的亲水需求存在差距，距离"**水清岸绿、宜居宜赏**"的宜居水环境目标尚存在较大差距。

表4-5　全国水环境宜居度评价结果表

宜居水环境——水环境宜居度			
指标9：河湖水质指数		指标10：地表水集中式饮用水水源地合格率	指标11：地下水资源保护指数	指标12：城乡居民亲水指数
河流水质指数	湖库富营养化比例			
92.1分	68.4分			
82.6分		84.2分	47.0分	54.9分
70.4分			

水资源一级区水环境宜居度评价结果如图4-8和图4-9所示。其中，东南诸河区得分最高为90.7分，达到良好等级；长江区、西南诸河区得分均为80分以上，处于中等偏上等级；珠江区、西北诸河区得分介于70~80分，处于中等水平；太湖流域、黄河区、淮河区得分介于60~70分，处于中等偏下等级；松花江区、海河区、辽河区得分低于60分，处于较差等级。

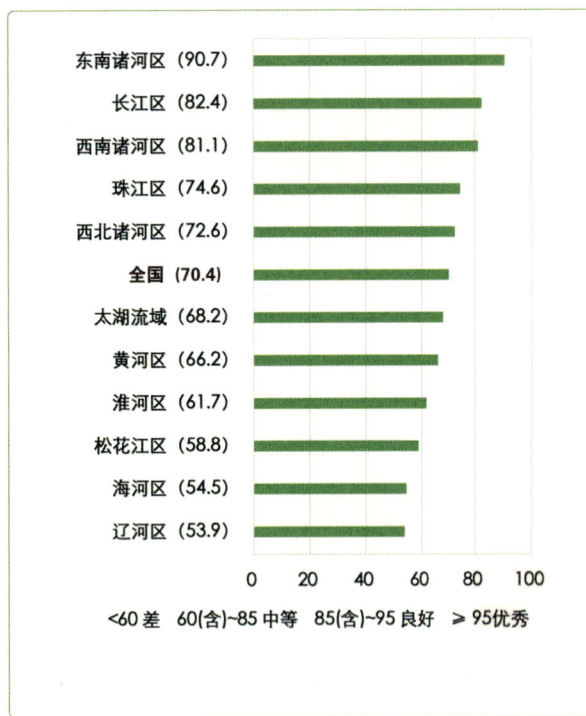

图4-8　全国水资源一级区水环境宜居度
注：（ ）内数值为指标分值。

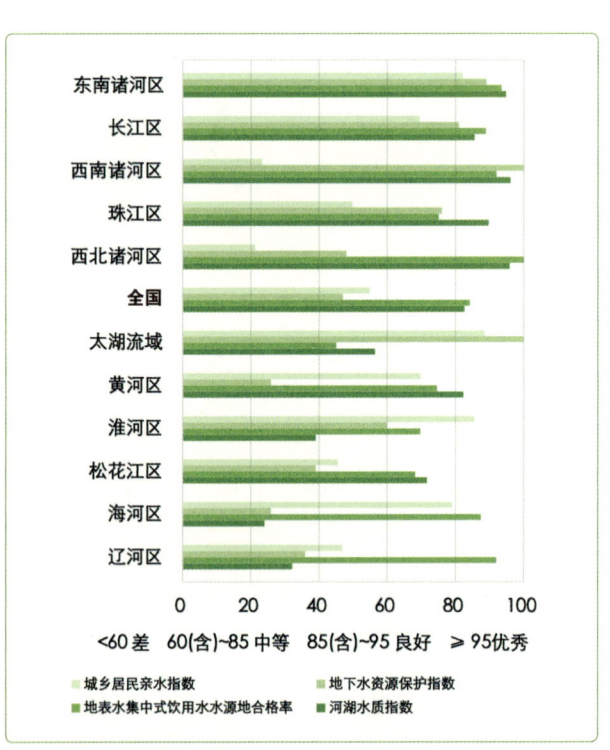

图4-9　全国水资源一级区水环境宜居度二级指标

■ 指标9　　**河湖水质指数**　　全国河湖水质指数得分为82.6分，处于中等偏上等级。西南诸河区和西北诸河区得分在95以上，达到优秀等级；东南诸河区、珠江区、长江区得分介于85~95分，达到良好等级；黄河区得分为82.2分，处于中等偏上等级；松花江区得分为71.6分，处于中等水平；太湖流域、淮河区和辽河区得分均低于60分，处于较差等级；海河区得分仅为24.0分，处于很差等级。

■ 指标10　　**地表水集中式饮用水水源地合格率**　　2019年全国地表水集中式饮用水水源地合格率为84.2%，得分为84.2分，接近良好等级。西北诸河区得分最高，达到优秀等级；东南诸河区、辽河区、西南诸河区、长江区和海河区得分均高于85分，达到良好等级；珠江区和黄河区处于中等水平；淮河区和松花江区处于中等偏下等级；太湖流域得分最低，仅为45.0分，处于较差等级。

■ 指标11　　**地下水资源保护指数**　　根据中国水资源公报、水资源调查评价数据，全国地下水开采系数为0.83，全国地下水资源保护指数得分为47.0分，处于较差等级。各水资源一级区中得分差异性较大。西南诸河区和太湖流域地下水资源保护指数达到优秀等级；东南诸河区得分为89.0分，达到良好等级；长江区得分为81.0分，处于中等偏上等级；珠江区得分为76.0分，处于中等水平；淮河区得分为60.0分，处于中等偏下等级；西北诸河区、松花江区、辽河区得分介于30~60分，均处于较差等级；海河区和黄河区得分仅为26.0分，处于很差等级。

■ 指标12　　**城乡居民亲水指数**　　全国城乡居民亲水指数得分为54.9分，总体处于较差等级。太湖流域、淮河区城乡居民亲水指数得分均在85分以上，达到良好等级；东南诸河得分为82.0分，属于中等偏上等级；海河区得分为79.0分，处于中等水平；黄河区和长江区得分介于60~70分，处于中等偏下等级；珠江区、辽河区和松花江区得分均低于60分，处于较差等级；西南诸河和西北诸河得分均在30分以下，处于很差等级。

4 74.1分 水生态健康度

全国水生态健康度得分为74.1分（见表4-6），总体处于中等水平。全国水生态健康状况总体表现为：得益于卓有成效的水土保持工作，全国水土保持率达到良好等级，在稳步推进的生态流量保障与河湖长制管理工作等支撑下，全国河湖生态基流满足程度总体提升到了中等水平，而河湖自然生境保留率及水生生物完整性仍然处于中等偏下等级，河湖生态系统质量与稳定性需要进一步系统提升，才能真正实现"**鱼翔浅底、万物共生**"的健康水生态目标。

表4-6 全国水生态健康度评价结果表

健康水生态——水生态健康度				
指标13：重要河湖生态流量达标率	指标14：河湖自然生境保留率		指标15：水生生物完整性指数	指标16：水土保持率
	水域面积保留率	河流纵向连通性指数		
	79.6 分	57.2 分		
74.5 分	68.4 分		61.0 分	89.9 分
74.1 分				

水资源一级区水生态健康度评价结果如图4-10和图4-11所示。西南诸河区和松花江区得分最高，超过85分，均达到良好等级；太湖流域、珠江区、东南诸河区、西北诸河区、长江区、淮河区得分介于70～80分，均处于中等水平；辽河区和海河区得分介于60～70分，处于中等偏下等级；黄河区得分最低，为56.8分，处于较差等级。

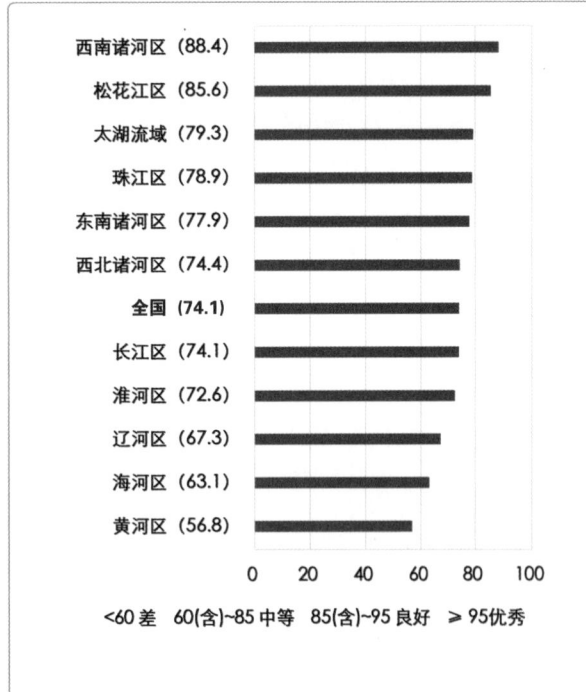

图4-10 全国水资源一级区水生态健康度

注：（ ）内数值为指标分值。

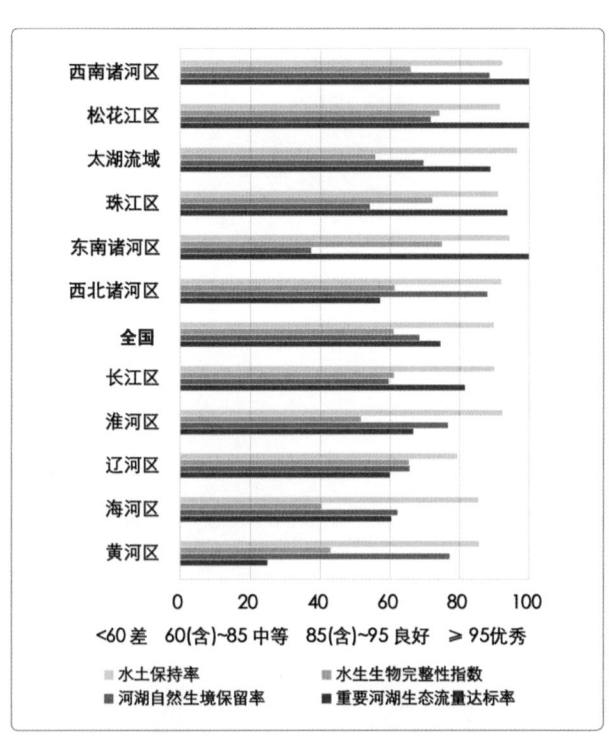

图4-11 全国水资源一级区水生态健康度二级指标

■ 指标13　**重要河湖生态流量达标率**

根据重要河湖断面生态基流满足情况评价结果，全国重要河湖生态流量达标率得分为74.5分，处于中等水平。松花江区、东南诸河区、西南诸河区均达到优秀等级；珠江区和太湖流域得分介于85~95分，达到良好等级；长江区得分为81.6分，处于中等偏上等级；淮河区、海河区和辽河区得分介于60~70分，均处于中等偏下等级；西北诸河区得分为57.1分，处于较差等级；黄河区得分仅为25.0分，处于很差等级。

■ 指标14　**河湖自然生境保留率**

全国河湖自然生境保留率得分为68.4分，处于中等偏下等级。以20世纪80年代全国水域空间面积为参照，全国水域面积保留率为79.6%，得分为79.6分，处于中等水平；主要河流纵向连通性指数得分为57.2分，处于较差等级。从全国来看，西南诸河区、西北诸河区河湖自然生境保留率指标得分均较高，达到良好等级；黄河区、淮河区和松花江区得分介于70~80分，处于中等水平；太湖流域、辽河区和海河区得分介于60~70分，处于中等偏下等级；长江区、珠江区和东南诸河区得分介于30~60分，处于较差等级。

■ 指标15　**水生生物完整性指数**

全国水生生物完整性指数得分为61.0分，处于中等偏下等级。各水资源一级区中，东南诸河区、松花江区、珠江区得分介于70~80分，均处于中等水平；长江区、西南诸河区、辽河区、西北诸河区得分介于60~70分，处于中等偏下等级；太湖流域、淮河区、黄河区、海河区得分介于30~60分，均属于较差等级。

■ 指标16　**水土保持率**

根据2018年度全国水土流失动态监测结果，全国水土保持率指标得分为89.9分，总体达到良好等级。太湖流域得分最高为96.5分，达到优秀等级；辽河区得分最低为79.4分，其他水资源一级区得分介于85~95分，均达到良好等级。

5 水文化繁荣度 77.0分

全国水文化繁荣度得分为77.0分（见表4-7），总体处于中等水平。全国水文化繁荣状况总体表现为：我国的水文化历史底蕴较为丰厚，是实现"**大河文明、精神家园**"先进水文化目标的宝贵财富，但传承好历史水文化并丰富现代水文化内涵的水文化创新存在不足，尊重河流、保护河流的公众水治理认知参与度总体偏低，相对于人民日益提高的文化生活需要，还处于中等水平，尚需进一步提高。

表4-7 全国水文化繁荣度评价结果表

先进水文化——水文化繁荣度				
指标17: 历史水文化保护传承指数		指标18: 现代水文化创造创新指数	指标19: 水景观影响力指数	指标20: 公众水治理认知参与度
历史水文化遗产保护指数	历史水文化传播力			
82.3分	78.6分			
80.8分		78.6分	75.5分	73.2分
77.0分				

水文化繁荣度评价结果如图4-12和图4-13所示，太湖流域、珠江区、淮河区、东南诸河区、黄河区、长江区得分均超过80分，达到中等偏上等级；海河区、西南诸河区和西北诸河区得分介于70~80分，处于中等水平；松花江区和辽河区得分相对较低，分别为68.8分和67.5分，为中等偏下等级。

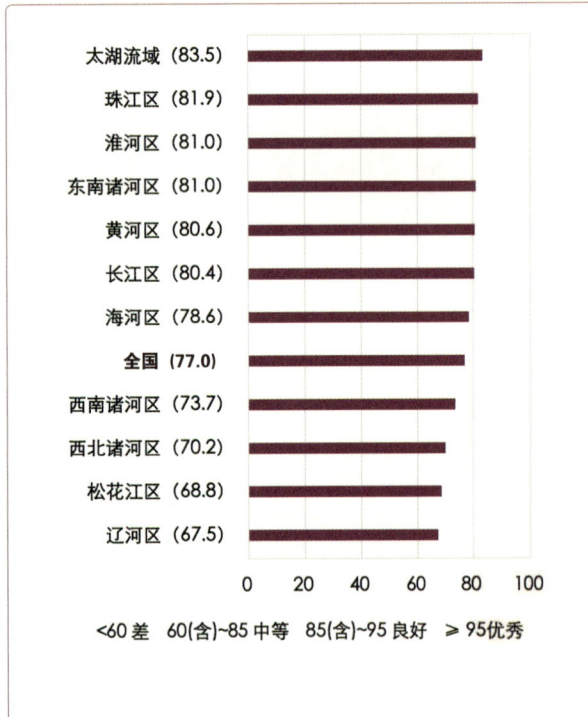

图4-12 全国水资源一级区水文化繁荣度
注：（ ）内数值为指标分值。

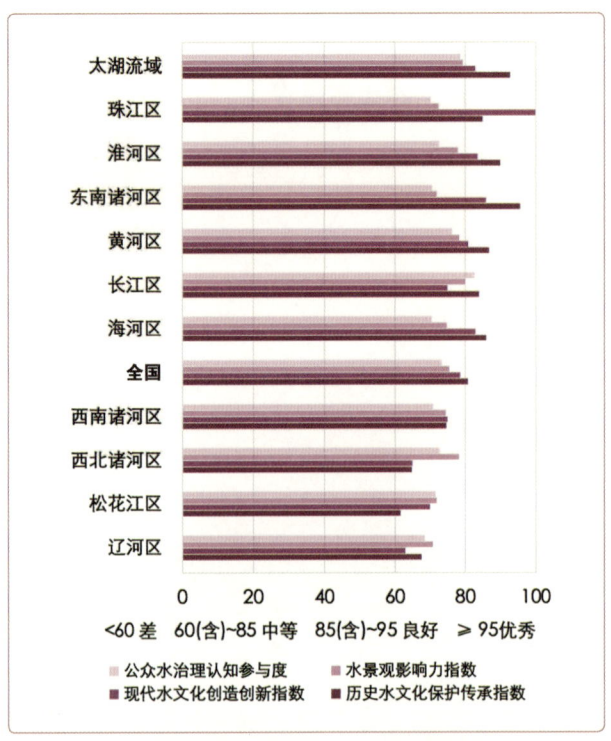

图4-13 全国水资源一级区水文化繁荣度二级指标

■ 指标17　**历史水文化保护传承指数**　　全国历史水文化保护传承指数得分为80.8分，处于中等偏上等级。其中，东南诸河区得分最高为95.6分，是唯一达到优秀等级的水资源一级区；海河区、黄河区、淮河区、珠江区和太湖流域历史水文化保护传承指数得分介于85~95分，处于良好等级；松花江区得分最低为61.6分，处于中等偏下等级。

■ 指标18　**现代水文化创造创新指数**　　全国现代水文化创造创新指数得分为78.6分，处于中等水平。其中最高得分为珠江区，达到优秀等级；东南诸河区达到良好等级；海河区、黄河区、淮河区和太湖流域，处于中等偏上等级；松花江区、长江区和西南诸河区，处于中等水平；辽河区和西北诸河区得分介于60~70分，处于中等偏下等级。

■ 指标19　**水景观影响力指数**　　全国水景观影响力指数得分为75.5分，处于中等水平。从全国来看，南方地区和北方地区的总体差异不大，仅长江区得分超过80分，达到中等偏上等级；其他一级区和太湖流域得分介于70~80分，均处于中等水平。

■ 指标20　**公众水治理认知参与度**　　全国公众水治理认知参与度得分为73.2分，处于中等水平。南方地区和北方地区总体差异不大，仅长江区得分超过80分，公众参与度达到中等偏上等级，辽河区得分最低为68.5分，处于中等偏下等级，其他水资源一级区和太湖流域得分介于70~80分，公众参与度处于中等水平。

第五章
流域河湖幸福指数

松花江区　　　75.8分

辽河区　　　68.9分

海河区　　　68.7分

黄河区　　　71.0分

淮河区　　　73.3分

长江区　　　79.9分

太湖流域　　　81.0分

东南诸河区　　　82.9分

珠江区　　　79.3分

西南诸河区　　　79.4分

西北诸河区　　　74.0分

01 松花江区

流域概况

松花江流域位于我国东北地区北部，属北温带季风气候区。松花江有南北两源，北源为发源于大兴安岭支脉伊勒呼里山的嫩江，南源为发源于长白山天池的西流松花江，两江在吉林省三岔河镇汇合后形成东流松花江，流至同江市注入黑龙江。以南源为正源，松花江全长约1927km。松花江水系发育，支流众多，流域面积大于1000 km^2 的支流有86条，流域面积大于1万 km^2 的支流有17条。松花江流域东西长920km，南北宽1070km，涉及内蒙古、吉林、黑龙江3省（自治区），流域面积约55.68万 km^2。流域内湖泊沼泽众多，主要分布于松花江中下游、嫩江下游和松嫩平原低洼地带。

松花江流域土地肥沃、资源丰富，是我国重工业城市的集中地、重要农牧业生产基地，也是重要的生态屏障区，区内有众多国际级和国家级湿地。松花江流域内水能资源丰富，且以西流松花江干流、嫩江、牡丹江较为集中；长白山、大兴安岭、小兴安岭等山脉蓄积大量木材，是我国面积最大的森林区；区内矿产蕴藏量丰富；盛产大豆、玉米、高粱以及小麦，且鱼类资源十分丰富，是我国北方淡水鱼的重要产地。

幸福指数

75.8 分
松花江区河湖幸福指数

松花江区河湖幸福指数为75.8分，河湖幸福状况处于一般等级。在全国10个水资源一级区中排名第五，在北方水资源一级区中排名第一。

河湖幸福指数一级指标评价结果如图5-1所示。其中水安澜保障度和水生态健康度得分较高，均达到良好等级，而水环境宜居度得分相对最低，处于较差等级。

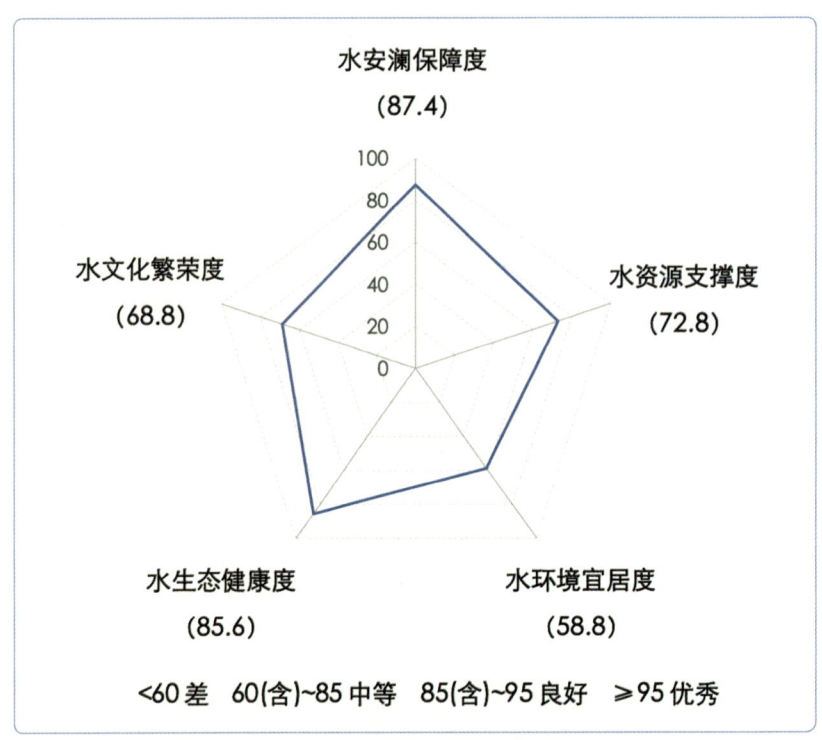

图5-1　松花江区河湖幸福指数一级指标

注：（ ）内数值为指标分值。

水安澜保障度　87.4 分

松花江区水安澜保障度得分为87.4分，达到良好等级。其中，洪涝灾害人员死亡率为0.12人/百万人，得分为97.5分，达到优秀等级；防洪工程达标率得分为93.8分，达到良好等级；洪涝灾害经济损失率0.35%，得分为76.7分，洪涝灾后恢复能力得分为70.0分，均处于中等水平。

水资源支撑度　72.8 分

松花江区水资源支撑度得分为72.8分，总体处于中等水平。其中，人均水资源占有量2933.3m³，得分为83.0分，处于中等偏上等级；城乡供水普及率为90.8%，实际灌溉面积比例为69.4%，综合计算得到用水保障率得分为81.5分，处于中等偏上等级；区域内人均国内生产总值为3.99万元，恩格尔系数为26.2%，平均预期寿命为76.0岁，综合计算得到居民生活幸福指数得分为73.6分，处于中等水平；水资源开发利用率为29.4%、单方水国内生产总值产出量为57.1元/m³，水资源支撑高质量发展能力得分为53.6分，处于较差等级。

水环境宜居度 **58.8 分**

松花江区水环境宜居度得分为58.8分，处于较差等级。其中，河湖水质指数得分最高，为71.6分，处于中等水平；地表水集中式饮用水水源地合格率为68.2%，得分为68.2分，处于中等偏下等级；地下水资源保护指数和城乡居民亲水指数得分均低于60分，处于较差等级。

水生态健康度 **85.6 分**

松花江区水生态健康度得分为85.6分，总体达到良好等级。其中，按照河湖生态基流满足程度评价，重要河湖生态流量达标率达到优秀等级；水土保持率达到良好等级；水生生物完整性指数得分为74.1分，处于中等水平；水域面积保留率仅为54.5%，河湖自然生境保留率得分为71.6分，处于中等水平。

水文化繁荣度 **68.8 分**

松花江区水文化繁荣度为68.8分，处于中等偏下等级。其中历史水文化保护传承指数得分为61.6分，处于中等偏下等级；现代水文化创造创新指数、水景观影响力指数及公众水治理认知参与度得分分别为70.0分、71.9分和71.6分，均处于中等水平。

松花江区河湖幸福指数评价结果反映以下几方面的主要问题（见图5-2）：一是洪涝灾后恢复能力偏低，是松花江区水安澜需要重点关注的问题；二是单方水国内生产总值产出量偏低，水资源支撑高质量发展能力存在不足；三是地表水集中饮用水水源地合格率偏低，地下水资源开采系数偏高，水域空间保持及水系连通存在不足，是制约松花江区水生态系统质量与稳定性的重大问题；四是水文化历史传承相对不足，现代水文化创造创新仍有较大空间，水经济水文化带动社会经济发展和人民生活质量的作用还有待进一步增强。

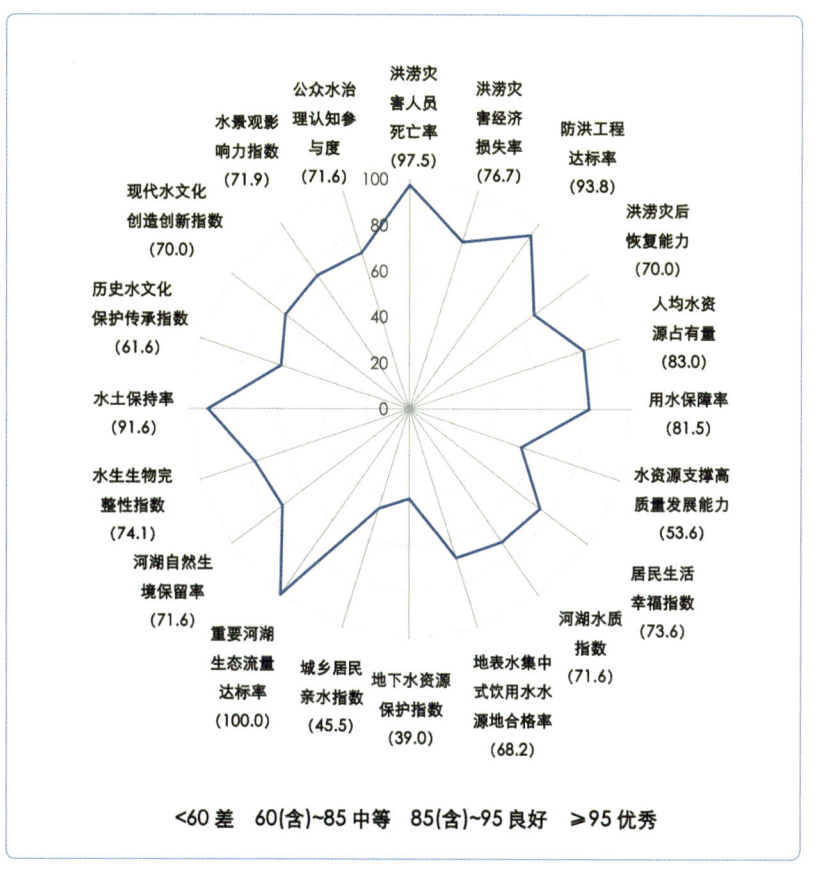

图5-2 松花江区河湖幸福指数二级指标

注：（ ）内数值为指标分值。

辽河口红海滩风光 ©杨爱胜/视觉中国

02 辽河区

流域概况

辽河地处中国东北地区西南部，主要位于我国温带季风气候和温带大陆性气候区。辽河有东西两源，西源包括老哈河和西拉木伦河两条主要支流，东源发源于吉林省东辽县萨哈岭，东、西辽河在辽宁省昌图县福德店汇合后称辽河，从盘锦入海。辽河流经河北、内蒙古、吉林和辽宁4省（自治区），河流全长1345km，流域总面积22.11万km²。流域多年平均地表水资源量137.21亿m³，多年平均地下水资源量139.57亿m³，多年平均水资源总量221.92亿m³。

辽河区是我国重要的工业基地和商品粮基地，流域内工业基础雄厚，能源、重工业产品在全国占有重要的地位，石油、化工、煤炭、电力、钢材等工业地位突出。辽河流域耕地面积8327万亩，有效灌溉面积3319万亩。根据国务院批准的《东北地区振兴规划》（国函〔2007〕76号），东北地区将建成具有国际竞争力的装备制造业基地，国家新型原材料和能源保障基地，国家重要商品粮和农牧业生产基地等。

幸福指数

68.9 分

辽河区河湖幸福指数

辽河区河湖幸福指数为68.9分，河湖幸福状况处于幸福河湖的一般偏下等级。在全国10个水资源一级区中排名第九，距离幸福河湖尚有较大差距。

河湖幸福指数一级指标评价结果如图5-3所示。其中水安澜保障度得分最高，达到中等偏上等级，水环境宜居度得分最低，处于较差等级，其他指标等级均处于中等偏下等级。

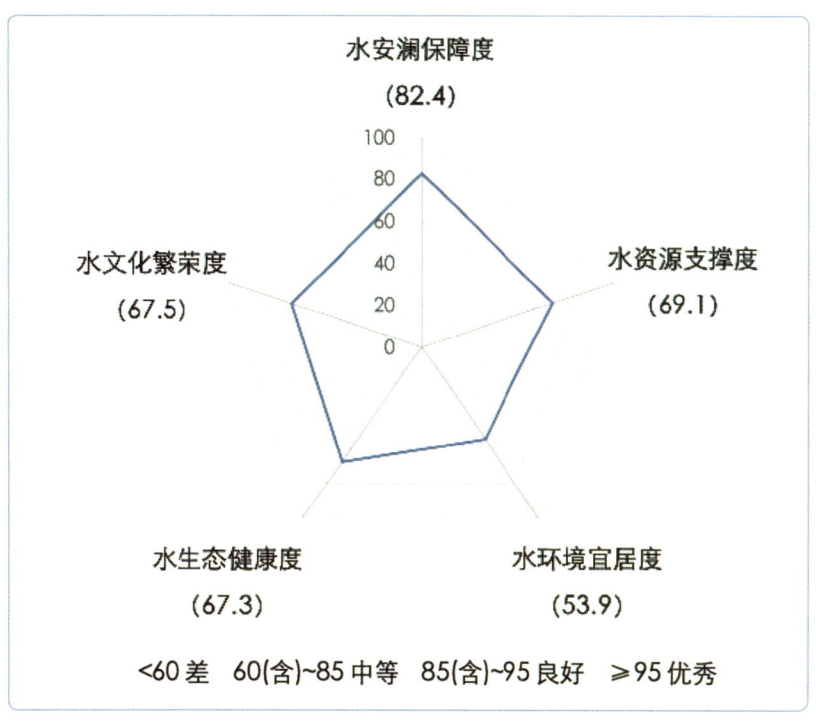

图5-3 辽河区河湖幸福指数一级指标

注：（ ）内数值为指标分值。

水安澜保障度 82.4 分

辽河区水安澜保障度得分为82.4分，处于中等偏上等级。其中，洪涝灾害人员死亡率为0.05人/百万人，达到优秀等级；洪涝灾害经济损失率为0.33%，得分为78.0分，处于中等水平；大中型水库防洪标准达标率为100%，但堤防防洪标准达标率仅为44.6%，防洪工程达标率得分为75.4分，处于中等水平；洪涝灾后恢复能力得分为66.7分，仅高于西南和西北诸河区，处于中等偏下等级。

水资源支撑度 69.1 分

辽河区水资源支撑度得分为69.1分，处于中等偏下等级。其中，城乡供水普及率为83.8%，实际灌溉面积比例为74.2%，用水保障率得分为79.6分，处于中等水平，在10个水资源一级区中排名第九；居民生活幸福指数得分为75.9分，处于中等水平；水资源开发利用率为37.1%，水资源支撑高质量发展能力得分为63.2分，处于中等偏下等级；人均水资源占有量仅为799.6m³，得分为52.0分，处于较差等级。

**水环境
宜居度**　　**53.9 分**

辽河区水环境宜居度得分为53.9分，处于较差等级。Ⅰ～Ⅲ类河流长度比例为70.6%，劣Ⅴ类比例为7.5%，湖库富营养化比例为48.0%，河湖水质指数得分仅为32.3分，处于较差等级，在10个水资源一级区中排名第九；地下水开采系数达到0.94，地下水资源保护指数得分为36.0分，处于较差等级；城乡居民亲水指数为46.8分，也处于较差等级；地表水集中式饮用水水源地合格率得分最高，为92.0分，达到良好等级。

**水生态
健康度**　　**67.3 分**

辽河区水生态健康度得分为67.3分，处于中等偏下等级。根据生态基流满足程度评价结果，辽河区重要河湖生态流量达标率得分为60.0分，处于中等偏下等级；水域面积保留率为64.0%，河湖自然生境保留率得分为65.6分，处于中等偏下等级；水生生物完整性指数得分为65.4分，处于中等偏下等级；水土保持率得分为79.4分，处于中等水平，在10个水资源一级区中排名最后。

**水文化
繁荣度**　　**67.5 分**

辽河区水文化繁荣度得分为67.5分，处于中等偏下等级，在10个水资源一级区排名末位。其中，历史水文化保护传承指数、现代水文化创造创新指数和公众水治理认知参与度得分分别为67.6分、63.0分和68.5分，均处于中等偏下等级；水景观影响力指数得分为70.8分，处于中等水平。

辽河区河湖幸福指数评价结果反映以下几方面的主要问题（见图5-4）：一是防洪工程达标率过低，洪涝灾后恢复能力不足，是辽河区水安澜亟须突破的短板；二是用水保障率不足，水资源支撑高质量发展能力尚待进一步提升；三是河湖水质较差，水土保持率过低，地下水超采问题较突出，是辽河区亟须重点解决的问题；四是现代水文化创新不足，公众水意识普及率和公众水治理认知参与度有待提升，水文化改善空间较大。

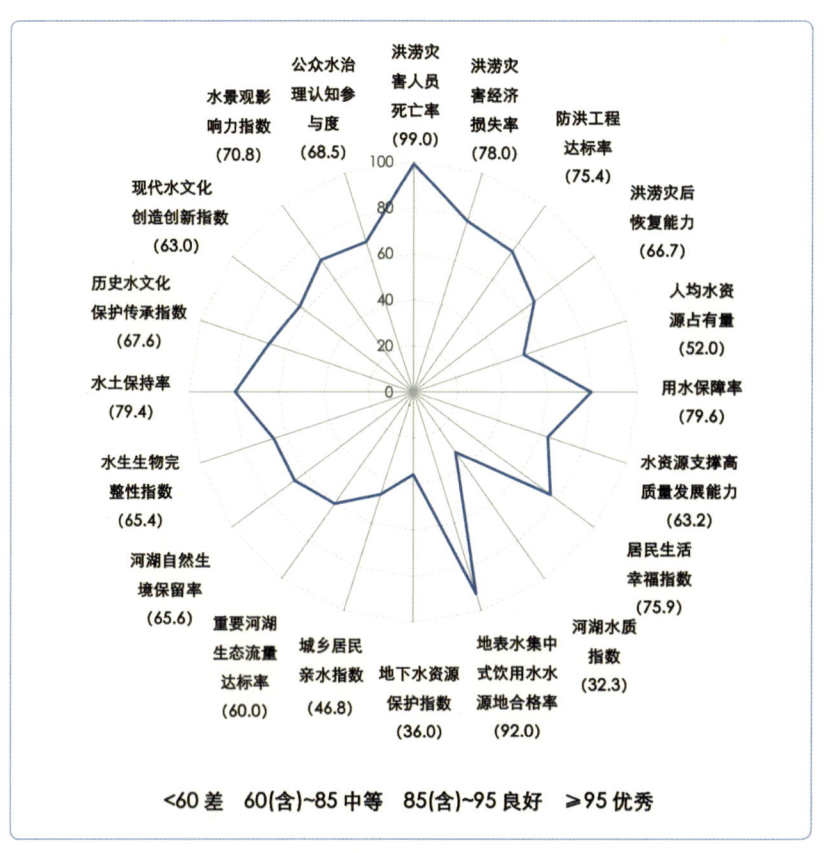

图5-4　辽河区河湖幸福指数二级指标

注：（　）内数值为指标分值。

海河夜景©View Stock/视觉中国

03 海河区

流域概况

海河流域东临渤海，南界黄河，西靠云中、太岳山，北依蒙古高原。行政区划包括北京、天津两市全部，河北省绝大部分，山西省东部，河南省、山东省北部，内蒙古自治区和辽宁省小部分。流域总面积31.95万km²，流域由滦河、海河、徒骇马颊河三大水系组成。流域面积在1000km²以上的河流有81条，总长度1.31万km。

海河流域西部、北部山区矿产资源丰富，山西、内蒙古是我国的能源基地，河北唐山、邯郸等地铁矿资源丰富，是重要的冶金工业基地；中部平原及沿黄河平原是我国的粮食主产区之一，土地、光热资源丰富，粮食产量高；滨海平原拥有先进制造业、现代服务业和科技创新与技术研发基地，是我国人口集聚最多、创新能力最强、综合实力最强的三大区域之一。流域内已形成环渤海经济圈，并在河北设立了雄安新区。海河流域人口密集，大中城市众多，在我国政治经济中具有重要地位。流域内有北京、天津，以及石家庄等25座大中城市。

幸福指数

68.7分
海河区河湖幸福指数

海河区河湖幸福指数为68.7分,河湖幸福等级为一般偏下等级,在全国10个水资源一级区中排名第十,距离幸福河湖尚有较大差距。

河湖幸福指数一级指标评价结果如图5-5所示。其中水安澜保障度得分最高,接近良好等级,水环境宜居度得分最低,处于较差等级,水文化繁荣度处于中等水平,其他指标等级处于中等偏下等级。

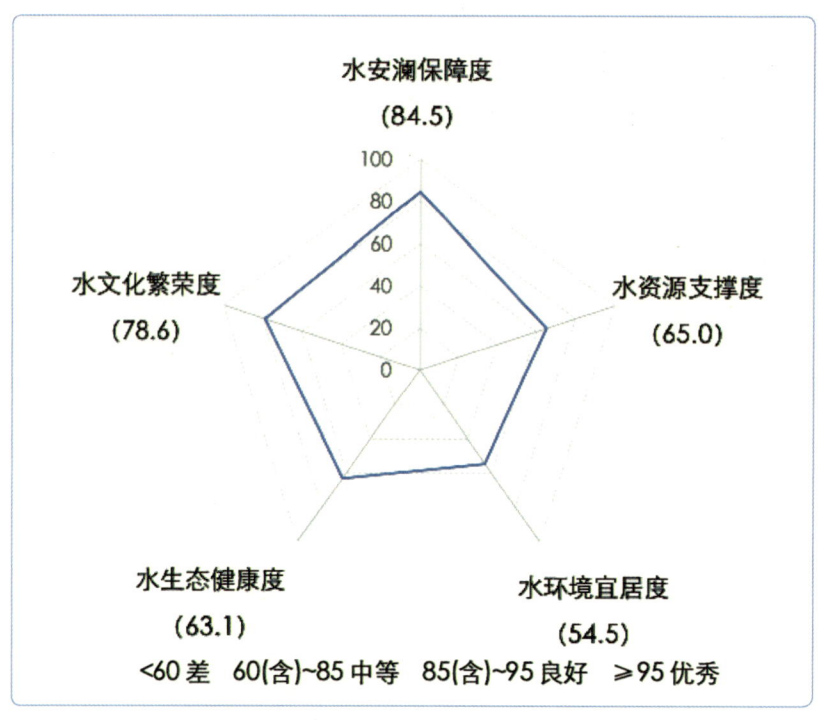

图5-5 海河区河湖幸福指数一级指标
注:( )内数值为指标分值。

| 水安澜保障度 | **84.5分** | 海河区水安澜保障度得分为84.5分,处于中等偏上等级。其中,防洪工程达标率得分为75.5分,处于中等水平,其中堤防防洪标准达标率仅为52.4%,大中型水库防洪标准达标率为96%,小型水库防洪标准达标率为94%,蓄滞洪区防洪标准达标率为82.1%。洪涝灾后恢复能力得分为77.8分,处于中等水平。近年来,基本未发生流域性大洪水,洪涝灾害损失相对不严重,洪涝灾害人员死亡率及洪涝灾害经济损失率得分均达到良好等级。 |

| 水资源支撑度 | **65.0分** | 海河区水资源支撑度得分为65.0分,评价等级为中等偏下等级。其中,海河区人均水资源占有量约为190m³,得分仅为15.3分,在10个水资源一级区中排名最后,处于很差等级;城乡供水普及率为96.2%,实际灌溉面积比例为84.3%,用水保障率得分为91.0分,达到良好等级;水资源开发利用程度偏高,导致水资源支撑高质量发展能力较低得分,仅为56.6分,处于较差等级;居民生活幸福指数为81.9分,处于中等偏上等级。 |

水环境宜居度   **54.5 分**

　　海河区水环境宜居度得分为54.5分，处于较差等级。其中，Ⅰ～Ⅲ类河流长度比例为46.2%，劣Ⅴ类比例高达17.7%，湖库富营养化比例亦达到40%，河湖水质状况总体很差，河湖水质指数得分为24.0分，处于很差等级；地下水开采系数高达1.04，地下水资源保护得分为26.0分，处于很差等级；城乡居民亲水指数得分为79.0分，处于中等水平；地表水集中式饮用水水源地合格率得分最高，为87.5分，达到良好等级。

水生态健康度   **63.1 分**

　　海河区水生态健康度得分为63.1分，评价等级为中等偏下。其中，水土保持率得分最高，为85.5分，达到良好等级；河湖自然生境保留率得分62.2分，重要河湖基本生态流量达标率得分为60.4分，均处于中等偏下等级；水生生物完整性指数得分最低，仅为40.3分，生物完整性损害较为严重。

水文化繁荣度   **78.6 分**

　　海河区水文化繁荣度得分为78.6分，评价等级为中等。其中，历史水文化保护传承指数得分为86.0分，达到良好等级；现代水文化创造创新指数得分为83.0分，处于中等偏上等级；水景观影响力指数得分为74.8分，公众水治理认知参与度得分为70.5分，均处于中等水平。

　　海河区河湖幸福指数评价结果反映以下几方面的主要问题（见图5-6）：一是堤防防洪标准达标率偏低，是海河区水安澜保障方面存在的重大隐患；二是人均水资源占有量严重不足，水资源支撑高质量发展能力偏低，是流域可持续发展的主要瓶颈；三是流域河湖水质差，劣Ⅴ类水比例高，地下水资源超采问题突出，是本区域亟须进一步破解的难题；四是重要水生生物状况不容乐观，水生态问题较为突出。

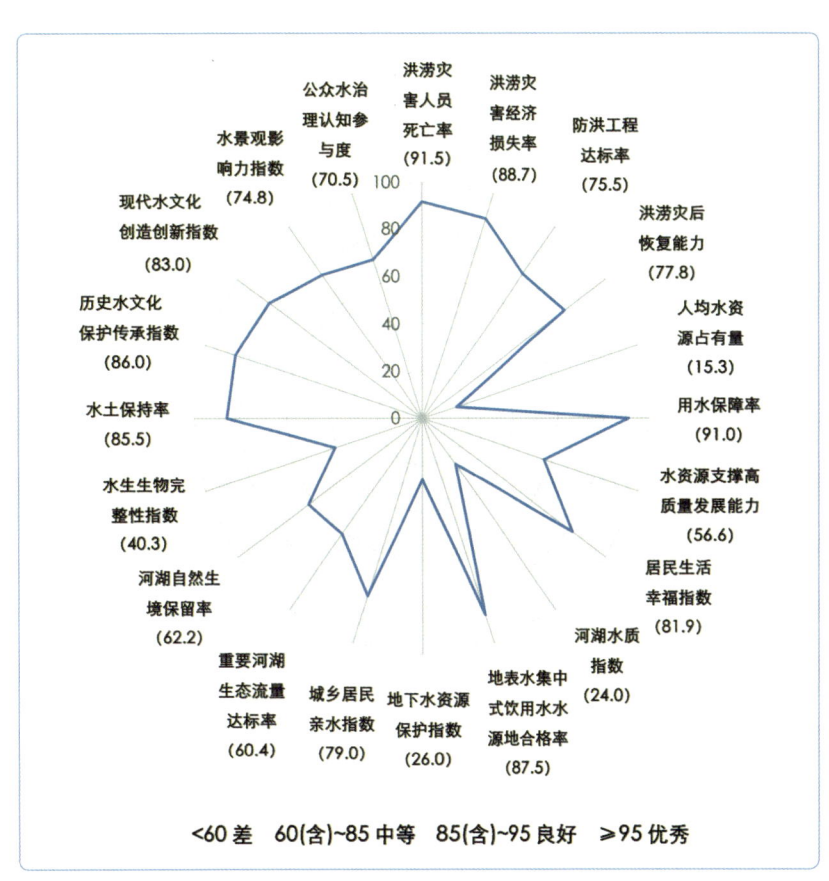

图5-6　海河区河湖幸福指数二级指标

注：（ ）内数值为指标分值。

04 黄河区

流域概况

黄河是我国的第二大河,发源于青藏高原巴颜喀拉山北麓海拔4500m的约古宗列盆地,流经青海、四川、甘肃、宁夏、内蒙古、山西、陕西、河南、山东等9省(自治区),在山东省东营市垦利区注入渤海。干流河道全长5464km,流域面积79.6万km²(包括内流区4.2万km²)。流域面积大于1000km²的一级支流有76条,其中大于10000km²或入黄泥沙大于0.5亿t的一级支流有13条。黄河水少沙多、水沙异源。近年来,黄河流域来水来沙量明显减少,但水沙关系仍不协调。

黄河哺育着中华民族,孕育了中华文明。涉及9省(自治区)66个地(市、州、盟)340县(市、区、旗)。流域有3000多年是全国政治、经济、文化中心,孕育了河湟文化、河洛文化、关中文化、齐鲁文化等,分布有郑州、西安、洛阳、开封等古都,诞生了"四大发明"和《诗经》《老子》《史记》等经典著作。黄河流域也是我国重要的经济地带。黄淮海平原、汾渭平原、河套灌区是农产品主产区,粮食和肉类产量占全国1/3左右。黄河流域又被称为"能源流域",煤炭、石油、天然气和有色金属资源丰富,煤炭储量占全国一半以上,是我国重要的能源、化工、原材料和基础工业基地。近年来,郑州、西安、济南等中心城市和中原等城市群加快建设,全国重要的农牧业生产基地和能源基地的地位进一步巩固,新的经济增长点不断涌现。

幸福指数

71.0 分
黄河区河湖幸福指数

黄河区河湖幸福指数为71.0分,河湖幸福等级为一般等级,在全国10个水资源一级区中排名第八。

河湖幸福指数一级指标评价结果如图5-7所示。其中水安澜保障度得分最高,达到良好等级,水文化繁荣度处于中等偏上等级,水生态健康度得分最低,处于较差等级,其他指标等级为中等偏下等级。

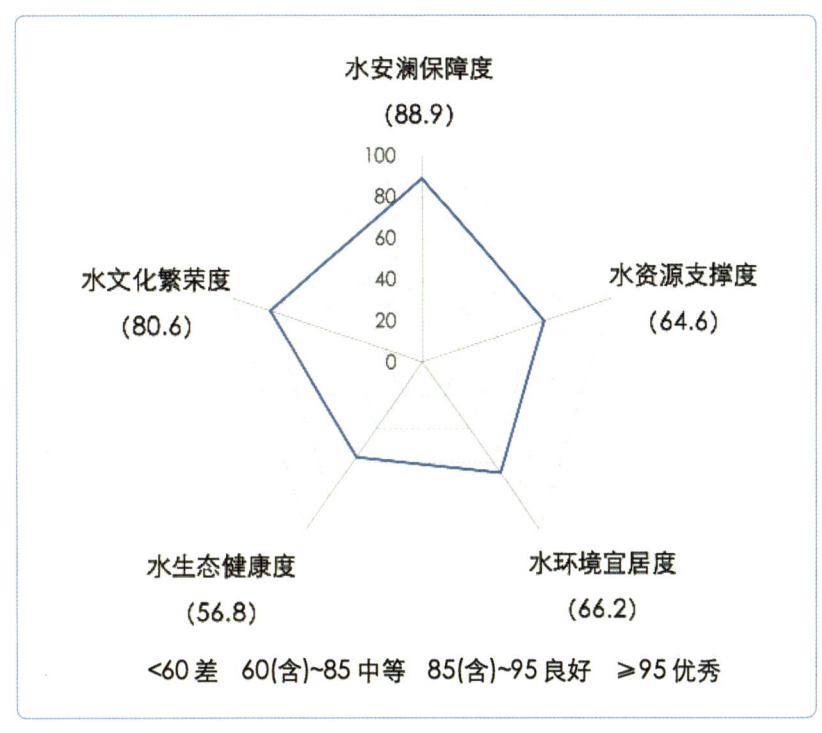

图5-7 黄河区河湖幸福指数一级指标
注:( )内数值为指标分值。

水安澜保障度 **88.9分**

黄河区水安澜保障度得分为88.9分,总体达到良好等级。其中,堤防防洪标准达标率为87.7%,大中型水库及蓄滞洪区防洪标准达标率为100%,小型水库防洪标准达标率为98%,防洪工程达标率得分为94.7分,接近优秀等级。洪涝灾害人员死亡率(0.4人/百万人)得分为91.9分,洪涝灾害经济损失率(0.22%)得分为85.3分,均达到良好等级。洪涝灾后恢复能力得分为73.7分,恢复能力相对较弱,处于中等水平。

水资源支撑度 **64.6分**

黄河区水资源支撑度得分为64.6分,总体处于中等偏下等级。其中,城乡供水普及率为91.3%,实际灌溉面积比例为79.9%,用水保障率得分为86.3分,达到良好等级;居民生活幸福指数为77.0分,处于中等水平;人均水资源占有量约为600m³,得分44.8分;水资源开发利用率超过70%、单方水国内生产总值产出量为180.5元/m³,水资源支撑高质量发展能力得分为42.0分,均处于较差等级,离中等水平尚有较大差距。

水环境宜居度	**66.2 分**	黄河区水环境宜居度得分为66.2分,总体处于中等偏下等级。其中,地下水开采系数为1.04,地下水资源保护指数为26.0分,处于很差等级;城乡居民亲水指数为69.8分,处于中等偏下等级;地表水集中式饮用水水源地合格率为74.5分,处于中等水平;Ⅰ~Ⅲ类水河长比例为80.3%、劣Ⅴ类为9.2%,湖库富营养化比例为25%,河湖水质指数得分为82.2分,处于中等偏上等级。
水生态健康度	**56.8 分**	黄河区水生态健康度得分为56.8分,总体处于较差等级。其中,水土保持率得分最高为85.7分,处于良好等级;河湖自然生境保留率次之,为77.2分,处于中等水平;水生生物完整性指数得分为42.9分,处于较差等级;重要河湖生态流量达标率得分为25.0分,处于很差等级。
水文化繁荣度	**80.6 分**	黄河区水文化繁荣度得分为80.6分,处于中等偏上等级。其中,历史水文化保护传承指数得分为86.8分,达到良好等级;现代水文化创造创新指数得分为81.0分,处于中等偏上等级;公众水治理认知参与度得分为76.3分,水景观影响力指数得分为78.4分,均处于中等水平。

黄河区河湖幸福指数评价结果反映以下几方面的主要问题(见图5-8):一是洪涝灾后恢复能力不足,是影响黄河区水安澜的主要隐患;二是水资源条件先天不足,开发利用率高,仍是经济社会高质量发展的最大制约;三是局部地区地下水超采严重,支流重度污染问题突出,是黄河区宜居水环境亟须深化治理的重大问题;四是河流生态流量达标率过低,是维护健康水生态亟须解决的短板;五是水文化品牌效应仍需提升,水景观影响力有待改善。

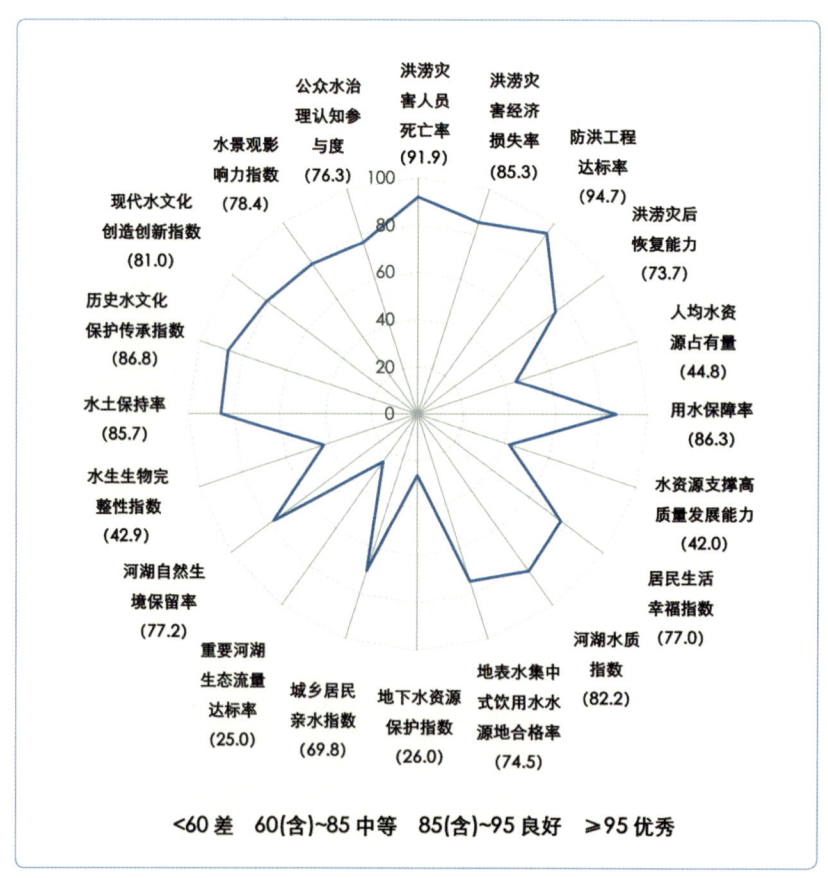

图5-8 黄河区河湖幸福指数二级指标
注:( )内数值为指标分值。

淮河秋色©张子玉/视觉中国

05 淮河区

流域概况

淮河流域地处我国南北气候过渡地带，淮河以北属暖温带半湿润季风气候区，以南属亚热带湿润季风气候区。淮河发源于河南桐柏，自西向东流经河南、安徽，进入江苏境内洪泽湖，主流在三江营入长江，全长1000km，流域面积约27万km²。洪泽湖的排水出路，除入江水道以外，还有淮河入海水道、苏北灌溉总渠和分淮入沂水道。淮河上中游支流众多，南岸支流发源于大别山区及江淮丘陵区，源短流急，北岸支流多为平原排水河道，支流流域面积以沙颍河最大，近4万km²，其他支流流域面积都在3000~16000km²之间。

淮河流域区位优势明显，在我国国民经济中占有十分重要的战略地位。淮河流域拥有丰富的煤炭资源，是我国重要的火电能源中心和华东地区主要的煤炭供应基地；气候、土地、水资源等条件较优越，适宜于发展农业生产，是我国主要的农业生产基地之一和重要的粮、棉、油主产区。

幸福指数

73.3分
淮河区河湖幸福指数

淮河区河湖幸福指数为73.3分,河湖幸福状况处于一般等级,在全国10个水资源一级区中排名第七。

河湖幸福指数一级指标评价结果如图5-9所示。其中水安澜保障度得分最高,达到良好等级,水文化繁荣度处于中等偏上等级,水资源支撑度与水环境宜居度得分相对较低,处于中等偏下等级,水生态健康度处于中等水平。

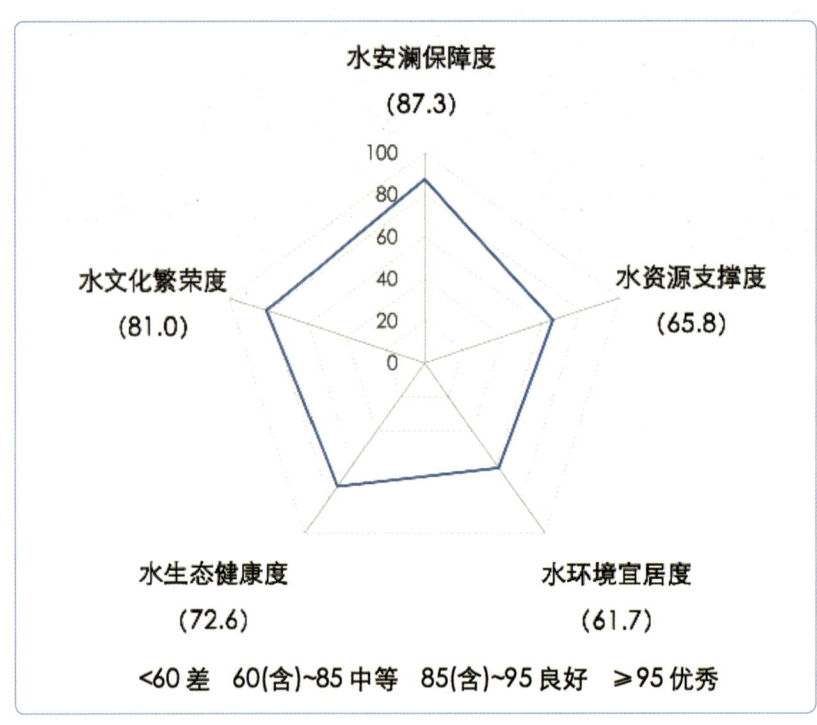

图5-9 淮河区河湖幸福指数一级指标
注:( )内数值为指标分值。

水安澜保障度 87.3分

淮河区水安澜保障度得分为87.3分,总体达到良好等级。其中,洪涝灾害人员死亡率得分最高,为97.0分,达到优秀等级;堤防防洪标准达标率为93.1%,大中型水库防洪标准达标率为80%,相对偏低,蓄滞洪区防洪标准达标率为85.7%,防洪工程达标率得分为88.8分,达到良好等级;洪涝灾害经济损失率得分为80.7分,处于中等偏上等级;洪涝灾后恢复能力得分为73.7分,处于中等水平。

水资源支撑度 65.8分

淮河区水资源支撑度得分为65.8分,处于中等偏下等级。人均水资源占有量为347.3m³,得分仅为27.8分,处于很差等级;城乡供水普及率为93.3%,实际灌溉面积比例为78.8%,用水保障率得分为87.0分,达到良好等级;区域内水资源开发利用率为52.0%,水资源支撑高质量发展能力得分为58.0分,处于较差等级;居民生活幸福指数得分为78.7分,处于中等水平。

水环境宜居度　　**61.7 分**

淮河区水环境宜居度得分为61.7分，处于中等偏下等级。其中，Ⅰ～Ⅲ类河长比例为59.1%，劣Ⅴ类比例为4.6%，湖库富营养化比例达到70.7%，河湖水质指数得分仅为39.1分，处于较差等级；地表水集中式饮用水水源地合格率得分为69.6分，地下水资源保护指数为60.0分，均处于中等偏下等级；城乡居民亲水指数为85.6分，处于良好等级。

水生态健康度　　**72.6 分**

淮河区水生态健康度得分为72.6分，处于中等水平。其中，水土保持率得分最高，为92.4分，达到良好等级；河湖自然生境保留率得分为76.7分，处于中等水平；按照生态基流满足程度评价，重要河湖生态流量达标率得分为66.7分，处于中等偏下等级；水生生物完整性指数得分为51.7分，处于较差等级。

水文化繁荣度　　**81.0 分**

淮河区水文化繁荣度得分为81.0分，总体达到中等偏上等级。其中，历史水文化保护传承指数为90.0分，达到良好等级；现代水文化创造创新指数得分为83.6分，创新能力为中等偏上的水平；水景观影响力指数得分为78.0分，公众水治理认知参与度得分为72.6分，影响力和参与度处于中等水平。

淮河区河湖幸福指数评价结果反映以下几方面的主要问题（见图5-10）：一是区域内防洪保安全措施总体水平较高，但洪涝灾后恢复能力不足，有待进一步加强；二是人均水资源占有量严重不足，水资源支撑高质量发展能力偏差，制约区域高质量发展；三是河湖水质较差，集中式饮用水水源地合格率过低，改善水环境质量仍然是重要任务；四是重要河湖生态流量达标率偏低，水生生物完整性较差，维持健康水生态存在短板。

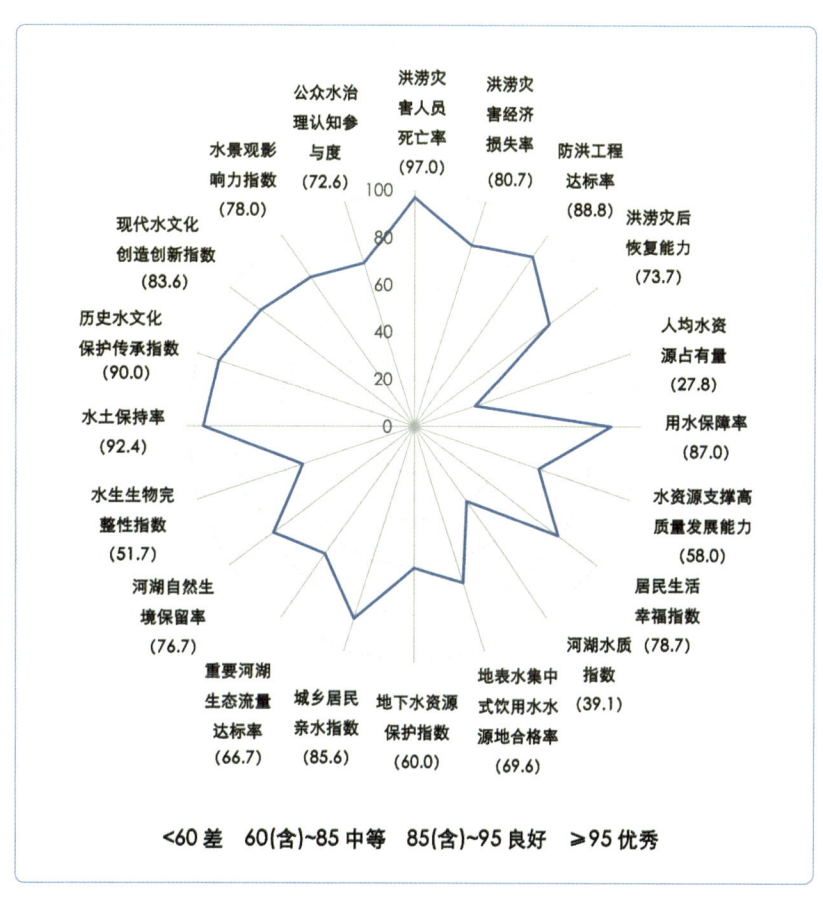

图5-10　淮河区河湖幸福指数二级指标

注：（ ）内数值为指标分值。

长江——汉口之口 ©田树青/视觉中国

06 长江区

流域概况

长江地处我国中南部,大部分地区属于亚热带季风气候区。长江发源于青藏高原唐古拉山脉主峰格拉丹冬雪山西南侧,干流流经青海、西藏、四川、云南、重庆、湖北、湖南、江西、安徽、江苏、上海等11个省(自治区、直辖市)注入东海,全长6300余km,其支流伸展到甘肃、陕西、贵州、河南、广西、广东、福建、浙江等8个省(自治区),流域面积约180万km^2,占我国国土面积的18.8%。长江水系发育,流域面积在1000km^2以上的河流有437条,1万km^2以上的河流有49条,8万km^2以上河流的有8条。长江区湖泊众多,除江源地带有很多面积不大的湖泊外,多集中在中下游地区。

长江流域自然条件优越,在我国经济社会发展中占有极其重要的战略地位,是我国经济发展水平较高的地区之一。流域气候温和、雨量充沛、土地肥沃、光热资源充足,历来是我国重要的农业区和产粮区。流域内的成都平原、江汉平原、洞庭湖区、鄱阳湖区、巢湖地区和太湖地区等六大平原区,是我国重要的商品粮、棉、油生产基地。流域内有特大城市15个,地级以上城市89个(市区在流域内),占全国地级以上城市总数的31.8%。流域内已形成长江三角洲城市圈、皖江城市带、武汉城市圈、环长株潭城市群、成渝经济区等5大城市经济圈。

幸福指数

79.9 分

长江区河湖幸福指数

长江区河湖幸福指数为79.9分，河湖幸福等级为一般等级，在全国10个水资源一级区中排名第二。

河湖幸福指数一级指标评价结果如图5-11所示。其中水安澜保障度得分最高，达到良好等级，水环境宜居度与水文化繁荣度处于中等偏上等级，其他指标处于中等水平。

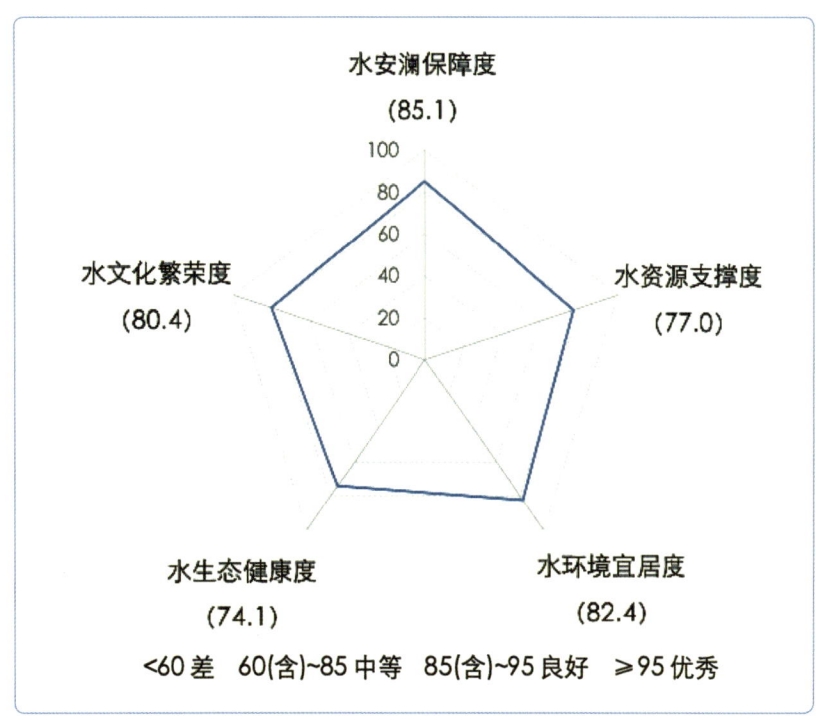

图5-11　长江区河湖幸福指数一级指标

注：（ ）内数值为指标分值。

水安澜保障度　85.1 分

长江区水安澜保障度得分为85.1分，达到良好等级。其中，堤防防洪标准达标率为93.9%，大中型水库防洪标准达标率为100%，蓄滞洪区防洪标准达标率为79.6%，防洪工程达标率得分为92.2分，达到良好等级；洪涝灾害人员死亡率为0.49人/百万人，得分为90.3分，达到良好等级；洪涝灾害经济损失率为0.37%，得分为75.3分，洪涝灾后恢复能力得分为77.8分，均处于中等水平。

水资源支撑度　77.0 分

长江区水资源支撑度得分为77.0分，处于中等水平。其中，人均水资源占有量为2213.7m^3，得分为81.2分，处于中等偏上等级；城乡供水普及率为88.4%，实际灌溉面积比例为78.5%，用水保障率得分为84.1分，接近良好等级；居民生活幸福指数得分为78.9分，处于中等水平；水资源开发利用率为22%，单方水国内生产总值产出量为173.3元/m^3，水资源支撑高质量发展能力得分为63.1分，处于中等偏下等级。

水环境宜居度 82.4 分

长江区水环境宜居度得分为82.4分，总体达到中等偏上等级。其中，Ⅰ～Ⅲ类河长比例达到89.6%，劣Ⅴ类比例为1.4%，水库富营养化比例为27.8%，湖泊富营养化比例为83.6%，河湖水质指数综合得分为85.6分，达到良好等级；地表水集中式饮用水水源地合格率得分为88.9分，达到良好等级；地下水资源保护指数为81.0分，处于中等偏上等级；城乡居民亲水指数相对较低，为69.4分，处于中等偏下等级。

水生态健康度 74.1 分

长江区水生态健康度得分为74.1分，处于中等水平。其中，水土保持率得分最高，为90.1分，达到良好等级；按照生态基流满足程度评价结果，重要河湖生态流量达标率得分为81.6分，处于中等偏上等级；河湖自然生境保留率得分仅为59.6分，处于较差等级；水生生物完整性指数得分为61.1分，处于中等偏下等级。

水文化繁荣度 80.4 分

长江区水文化繁荣度得分为80.4分，处于中等偏上等级。其中，历史水文化保护传承指数得分为84.0分，水景观影响力指数得分为80.1分，公众水治理认知参与度得分为82.7分，均处于中等偏上等级；现代水文化创造创新指数得分为75.0分，处于中等水平。

长江区河湖幸福指数评价结果反映以下几方面的主要问题（见图5-12）：一是洪涝灾后恢复能力仍然存在不足，影响长江水安澜；二是水资源支撑高质量发展能力偏低，是持续提供优质水资源保障需要关注的问题；三是流域水质总体良好，但湖泊富营养化问题突出，是提升水环境宜居度需要重点解决的难题；四是河湖自然生境保留率偏低，重要水生生物状况偏差，是长江区维护健康水生态需要关注的重大问题；五是现代水文化创造创新仍然存在较大空间，人民群众对先进水文化的需求尚不能很好地满足。

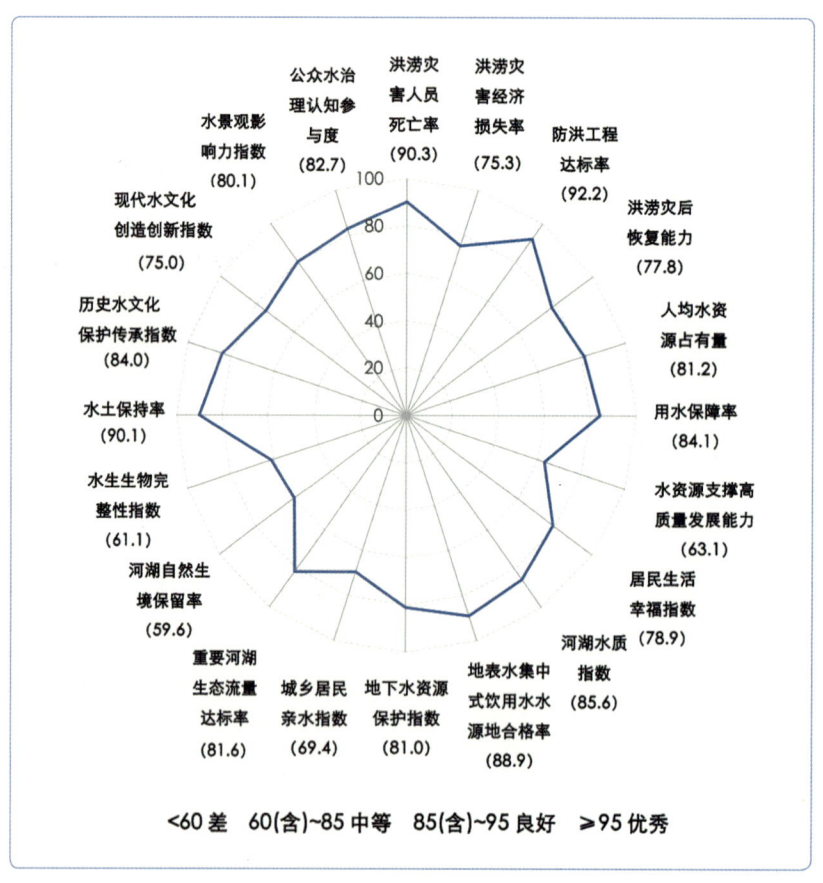

图5-12 长江区河湖幸福指数二级指标

注：（ ）内数值为指标分值。

太湖晚霞 ©罗军/视觉中国

07 太湖流域

流域概况

太湖流域地处长江三角洲的南翼,北抵长江,东临东海,南滨钱塘江,西以天目山、茅山为界。流域面积为3.71万km^2,是典型的平原河网地区。行政区划涉及江苏、浙江、上海和安徽等省(直辖市)。太湖流域是长江水系最下游的支流水系,以太湖为中心,流域内河网如织,湖泊棋布,水系沟通,流域湖泊面积3159km^2,占流域平原面积的10.7%,是长江中下游7个湖泊集中区之一。

太湖流域位于长江三角洲的核心地区,自然条件优越,风光秀美,物产丰富,交通便利,是我国经济最发达、大中城市最密集的地区之一,地理和战略优势突出,是长江经济带、长三角一体化发展等国家战略的主战场。流域内分布有超大城市上海,特大城市杭州,大中城市苏州、无锡、常州、镇江、嘉兴、湖州及迅速发展的众多小城市和建制镇,已形成等级齐全、群体结构日趋合理的城镇体系。

幸福指数

81.0 分
太湖流域河湖幸福指数

太湖流域河湖幸福指数为81.0分，河湖幸福等级为一般偏上等级。

河湖幸福指数一级指标评价结果如图5-13所示。其中水安澜保障度得分最高，达到良好等级，水资源支撑度与水文化繁荣度处于中等偏上等级，水生态健康度处于中等水平，水环境宜居度处于中等偏下等级。

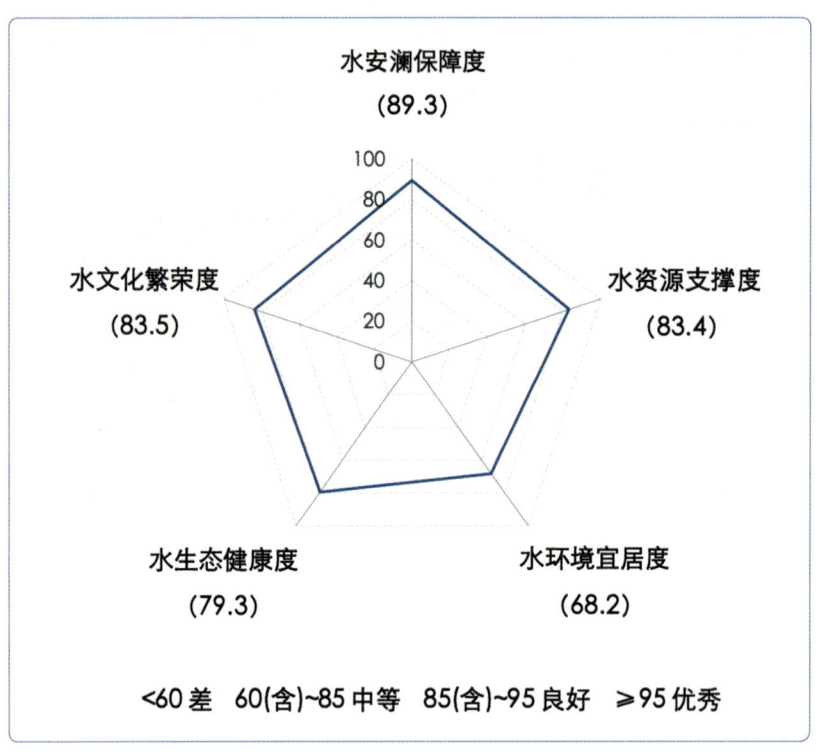

图5-13　太湖流域河湖幸福指数一级指标
注：（　）内数值为指标分值。

| 水安澜保障度 | **89.3 分** |

太湖流域水安澜保障度得分为89.3分，处于良好等级。其中，洪涝灾害人员死亡率仅为0.09人/百万人，达到优秀等级；洪涝灾害经济损失率为0.21%，得分为86.0分，达到良好等级；堤防防洪标准达标率为55.4%，大中型水库及蓄滞洪区防洪标准达标率为100%，防洪工程达标率得分为82.2分，处于中等偏上等级。洪涝灾后恢复能力得分为93.3分，达到良好等级。

| 水资源支撑度 | **83.4 分** |

太湖流域水资源支撑度得分为83.4分，处于中等偏上等级。其中，居民生活幸福指数为98.6分，得分较全国平均水平高27%，处于优秀等级；城乡供水普及率为98.6%，实际灌溉面积比例为91.3%，用水保障率得分为95.4分，达到优秀等级；人均水资源占有量得分为81.2分，处于中等偏上等级；水资源开发利用率为41.4%，水资源支撑高质量发展能力得分为55.4分，处于较差等级。

水环境宜居度　　68.2 分

太湖流域水环境宜居度得分为68.2分，处于中等偏下等级，是本流域得分最低的一级指标。其中，地下水资源保护指数达到优秀等级；城乡居民亲水指数得分为88.6分，达到良好等级；Ⅰ～Ⅲ类河长比例为50.5%，劣Ⅴ类比例为3.0%，河流水质尚处于中等偏下等级，水库富营养化比例为30%，湖泊富营养化比例为80%，湖库富营养化状况处于较差等级，河湖水质指数综合得分为56.5分，处于较差等级；地表水集中式饮用水水源地合格率得分为45.0分，处于较差等级。

水生态健康度　　79.3 分

太湖流域水生态健康度得分为79.3分，处于中等水平。其中，水土保持率得分最高为96.5分，达到优秀等级；重要河湖生态流量达标率得分为88.9分，处于良好等级；河湖自然生境保留率得分为69.5分，处于中等偏下等级；水生生物完整性指数得分为55.7分，处于较差等级。

水文化繁荣度　　83.5 分

太湖流域水文化繁荣度得分为83.5分，处于中等偏上等级。其中，历史水文化保护传承指数得分为92.8分，处于良好等级；现代水文化创造创新指数得分为83.0分，处于中等偏上等级；水景观影响力指数得分为79.4分，公众水治理认知参与度得分为78.7分，均处于中等水平。

太湖流域河湖幸福指数评价结果反映以下几方面的主要问题（见图5-14）：一是水资源支撑高质量发展能力偏低，是影响优质水资源保障的重大问题；二是湖库富营养化严重和地表水集中式饮用水水源地合格率过低的问题突出，是改善河湖幸福状况亟须解决的重大难题；三是水生生物完整性指数偏低，河湖生态系统质量与稳定性尚待进一步提升。

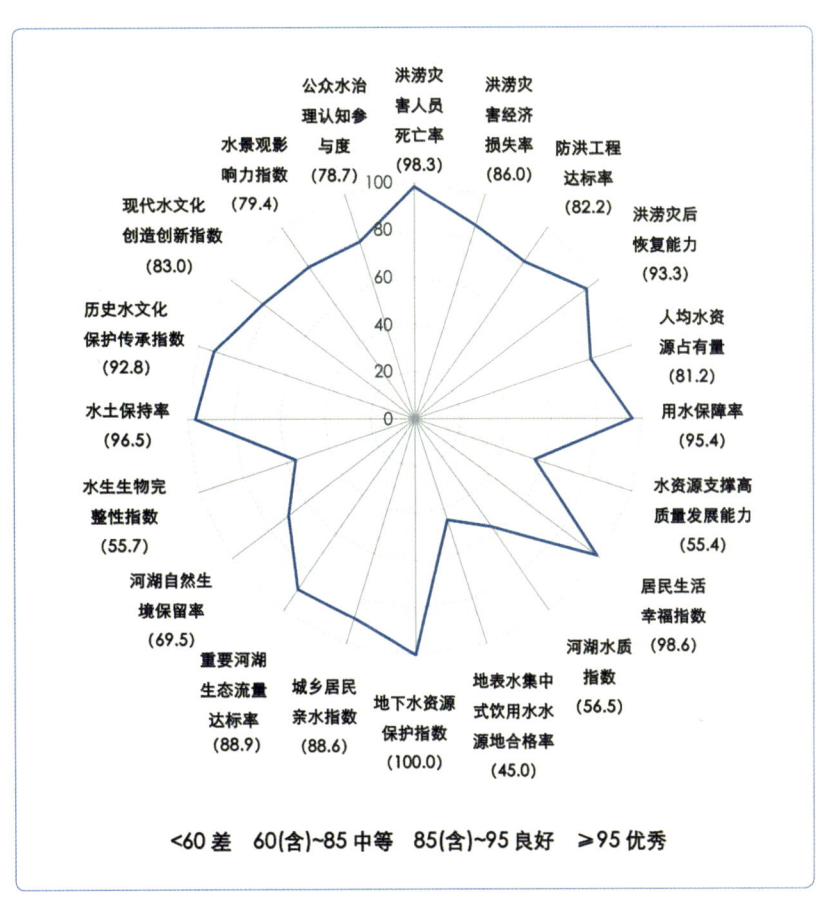

图5-14　太湖流域河湖幸福指数二级指标

注：（　）内数值为指标分值。

瓯江风光 ©杨学金/视觉中国

08 东南诸河区

流域概况

东南诸河是中国东南部除长江和珠江以外的独立入海的中小河流总称，这些河流所在的流域统称为东南诸河流域（韩江流域除外）。中国东南的地形以平原和丘陵为主，河流短小急促，以中小河流为主，从北到南包括浙江、福建、广东、广西、海南东南沿海五省（自治区）的河流。东南沿海诸河中较大的河流（干流长度超过100km）有近30条。

东南诸河区包括浙江、福建沿海地区，拥有杭州、宁波、福州、厦门、泉州等国内经济发达城市，加之水生态基础条件较好，人口和产业主要集中在下游河口区域，经济总量居全国前列。

幸福指数

82.9 分

东南诸河区河湖幸福指数

东南诸河区河湖幸福指数为82.9分,河湖幸福等级为一般偏上等级,在全国10个水资源一级区中排名首位。

河湖幸福指数一级指标评价结果如图5-15所示。其中水环境宜居度得分最高,达到良好等级,水生态健康度得分相对最低,处于中等水平,其他指标均处于中等偏上等级。

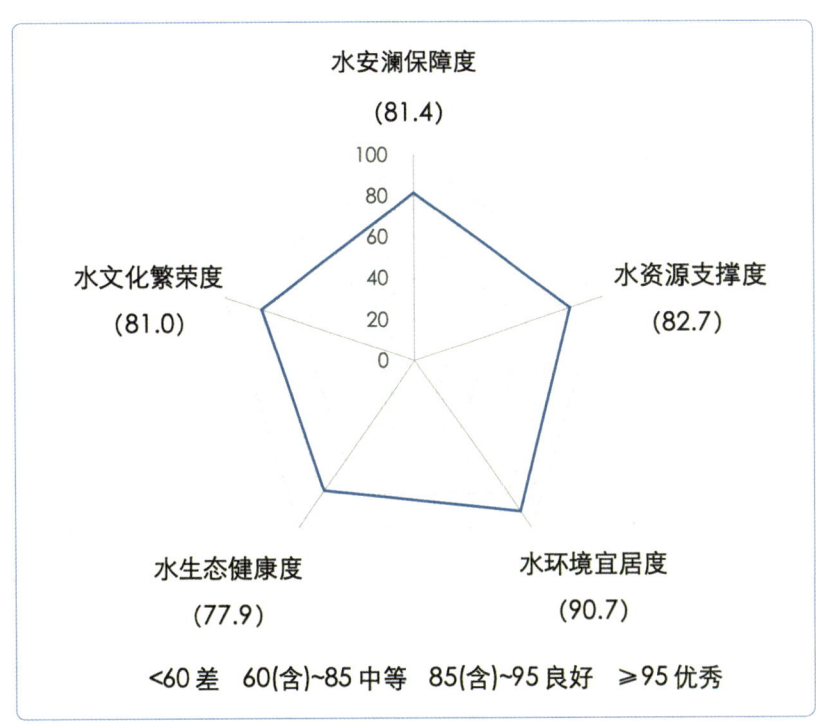

图5-15　东南诸河区河湖幸福指数一级指标

注：（　）内数值为指标分值。

水安澜保障度　81.4 分

东南诸河区水安澜保障度得分为81.4分,总体处于中等偏上等级。其中,洪涝灾害人员死亡率得分为91.0分,洪涝灾后恢复能力得分为87.5分,均达到良好等级；堤防防洪标准达标率偏低,为54.6%,直接影响防洪工程达标率得分,仅为80.6分,处于中等偏上等级；洪涝灾害经济损失率为0.44%,在10个水资源一级区中损失率最高,得分仅为70.7分,处于中等水平。

水资源支撑度　82.7 分

东南诸河区水资源支撑度得分为82.7分,总体处于中等偏上等级。人均水资源占有量为2692.5m³,得分为82.4分,处于中等偏上等级；城乡供水普及率为93.5%,实际灌溉面积比例为76.4%,用水保障率得分为86.1分,达到良好等级；居民生活幸福指数得分为84.7分,接近良好等级；水资源开发利用率为14.7%,单方水国内生产总值产出量为296.7 元/m³,水资源支撑高质量发展能力得分为77.1分,处于中等水平,在10个水资源一级区中排名首位。

水环境宜居度	**90.7 分**	东南诸河区水环境宜居度得分为90.7分，总体达到良好等级。其中，Ⅰ~Ⅲ类河流长度比例高达96.1%，劣Ⅴ类比例仅为0.2%，湖库富营养化比例为13%，河湖水质指数得分为94.8分，接近优秀等级；地表水集中式饮用水水源地合格率得分为93.5分，地下水资源保护指数得分为89.0分，均达到良好等级；城乡居民亲水指数得分为82.0分，处于中等偏上等级，在10个水资源一级区中居首位。
水生态健康度	**77.9 分**	东南诸河区水生态健康度得分为77.9分，总体处于中等水平。其中，基于生态基流满足程度评价结果，重要河湖生态流量达标率达到优秀等级；水土保持率得分为94.4分，接近优秀等级；水生生物完整性指数得分为74.9分，处于中等水平；主要河流纵向连通性指数状况相对最差，水域面积保留率为71.3%，综合计算河湖自然生境保留率得分仅为37.4分，处于较差等级，在10个水资源一级区中位居末位。
水文化繁荣度	**81.0 分**	东南诸河区水文化繁荣度得分为81.0分，总体处于中等偏上等级。其中，历史水文化保护传承指数得分为95.6分，达到优秀等级；现代水文化创造创新指数得分为86.0分，达到良好等级；水景观影响力指数和公众水治理认知参与度得分分别为71.9分和70.6分，均处于中等水平。

东南诸河区河湖幸福指数评价结果反映以下几方面的主要问题（见图5-16）：一是洪涝灾害经济损失率亟须进一步合理控制；二是水资源支撑流域高质量发展能力还需要关注；三是主要河流纵向连通性问题突出，河湖自然生境保留率偏低严重，是本区域的重大不足。

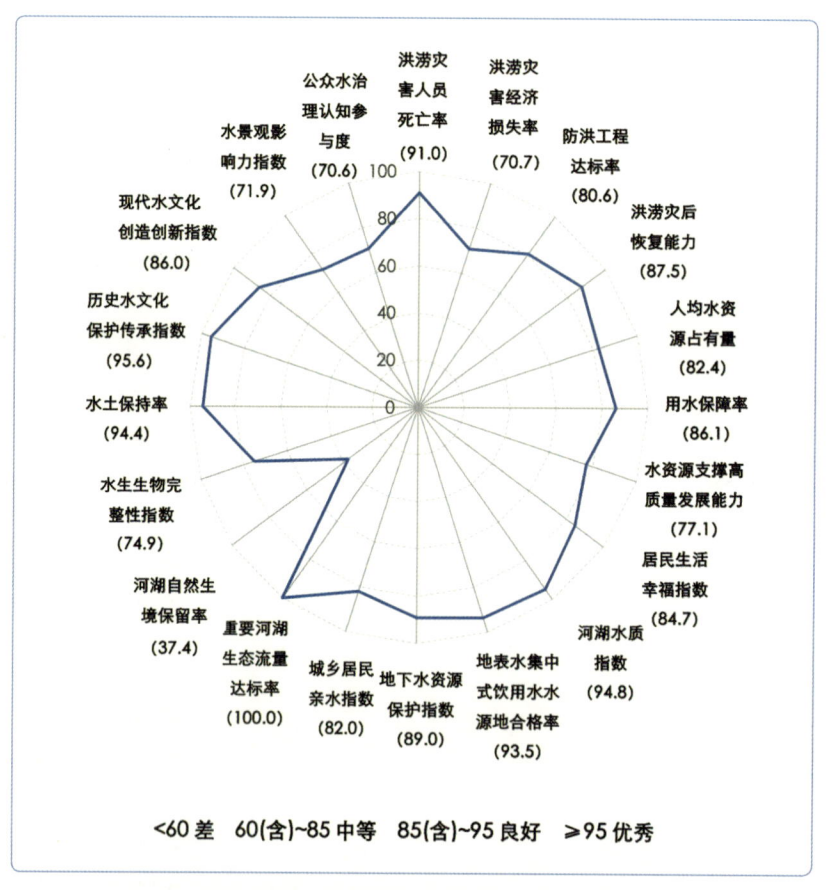

图5-16 东南诸河区河湖幸福指数二级指标

注：（ ）内数值为指标分值。

珠江夜景©家伟/视觉中国

09 珠江区

流域概况

珠江发源于云贵高原乌蒙山系马雄山，流经中国中西部六省（自治区）及越南北部，在下游从八个入海口注入南海。珠江年径流量3300多亿m³，居全国江河水系的第二位。珠江流域面积45.4万km²，珠江水系共有大小河流774条，总长36000多km。丰盈的河水与众多的支流，给珠江的航运事业带来了优越条件和丰富的旅游资源。

珠江流域内民族众多，共有50多个民族，主要民族有汉、壮、苗、布依、毛南等。珠江流域沿海开放港口城市有广州、湛江、北海，经济特区城市有深圳、珠海、汕头，海南省是全国最大的经济特区，珠江三角洲是沿海经济开发区，已形成以广州为中心，包括深圳、珠海、佛山、江门及周围几十个中小城镇在内的珠江三角洲城市群。

幸福指数

79.3 分
珠江区河湖幸福指数

珠江区河湖幸福指数为79.3分，河湖幸福等级为一般等级，在全国10个水资源一级区中排名第四。

河湖幸福指数一级指标评价结果如图5-17所示。其中水安澜保障度得分最高，接近良好等级，水文化繁荣度处于中等偏上等级，其他指标均处于中等水平。

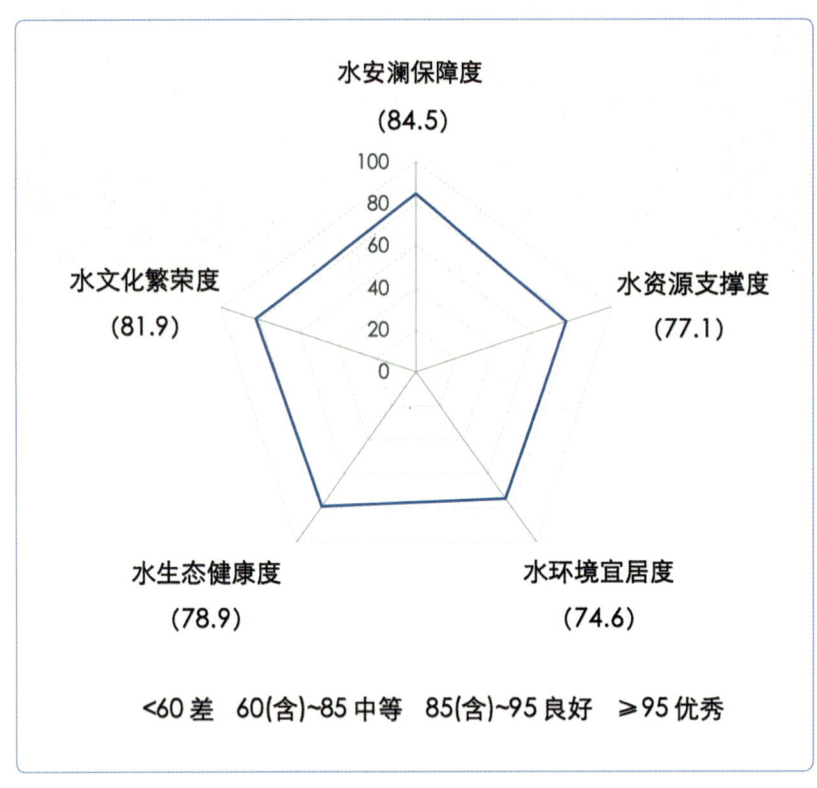

图5-17　珠江区河湖幸福指数一级指标
注：（ ）内数值为指标分值。

| 水安澜保障度 | 84.5 分 |

珠江区水安澜保障度得分为84.5分，处于中等偏上等级。其中，洪涝灾害人员死亡率仅为0.43人/百万人，得分为91.5分，达到良好等级；洪涝灾害经济损失率为0.33%，得分为77.8分，处于中等水平。大中型水库防洪标准达标率为77.6%，在10个水资源一级区排名末位，堤防防洪标准达标率为80.7%，防洪工程达标率得分为85.0分，基本达到良好等级。洪涝灾后恢复能力得分为82.4分，处于中等偏上等级。

| 水资源支撑度 | 77.1 分 |

珠江区水资源支撑度得分为77.1分，处于中等水平。其中，用水保障率得分为85.0分，达到良好等级；人均水资源占有量得分为81.9分，处于中等偏上等级；居民生活幸福指数得分为75.3分，处于中等水平；水资源支撑高质量发展能力得分为65.5分，处于中等偏下等级。

水环境宜居度　**74.6 分**

珠江区水环境宜居度得分为74.6分，处于中等水平。其中，河湖水质指数得分为89.7分，处于良好等级；地下水资源保护指数得分为76.0分，地表水集中式饮用水水源地合格率得分为75.0分，均处于中等水平；城乡居民亲水指数得分为49.8分，处于较差等级。

水生态健康度　**78.9 分**

珠江区水生态健康度得分为78.9分，处于中等水平。根据生态基流满足程度评价，重要河湖生态流量达标率得分为93.8分，达到良好等级；水土保持率得分为91.1分，也达到良好等级；水生生物完整性指数得分为72.1分，处于中等水平；主要河流纵向连通性指数状况差，河湖自然生境保留率得分仅为54.2分，处于较差等级。

水文化繁荣度　**81.9 分**

珠江区水文化繁荣度为81.9分，处于中等偏上等级。其中，现代水文化创造创新指数得分最高，达到优秀等级；历史水文化保护传承指数得分为85.0分，达到良好等级；水景观影响力指数得分为72.5分，公众水治理认知参与度得分为70.2分，均处于中等水平。

珠江区河湖幸福指数评价结果反映以下几方面的主要问题（见图5-18）：一是水资源支撑高质量发展能力偏低，持续提供优质水资源保障存在隐患；二是城乡居民亲水指数仍存在不足，宜居水环境仍然有待改善；三是主要河流纵向连通性差，河湖自然生境保留率较低，是河湖水生态保护需要重点关注的问题；四是公众水意识普及率和公众水治理认知参与度等方面存在不足，还需要进一步提升。

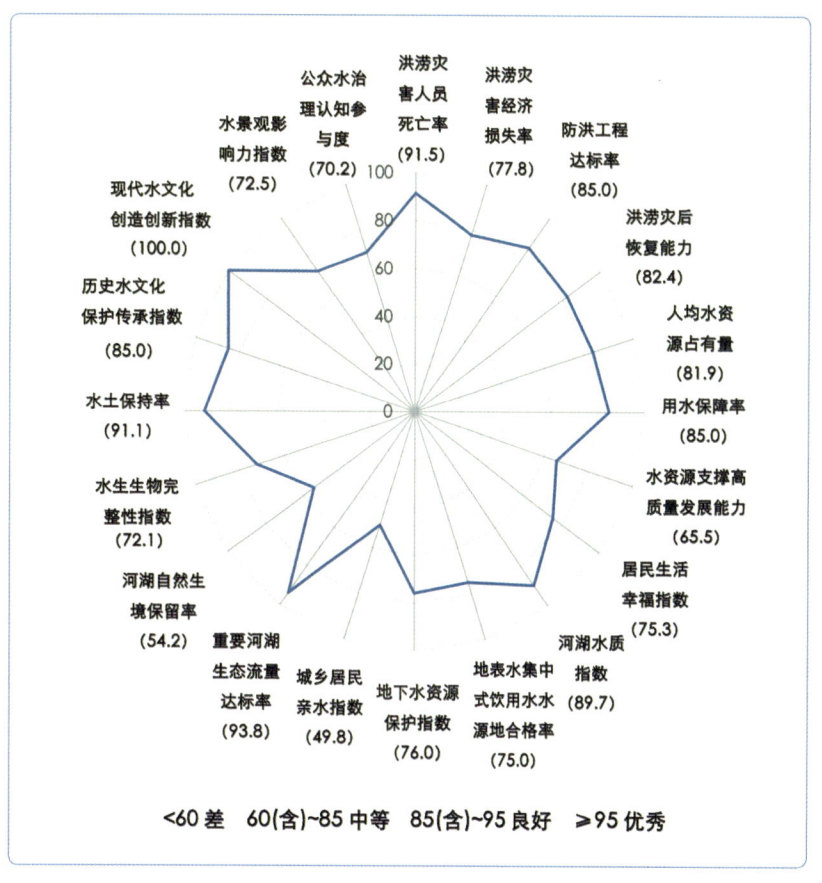

图5-18　珠江区河湖幸福指数二级指标

注：（　）内数值为指标分值。

10 西南诸河区

金沙江大峡谷 ©刘一黉

流域概况

西南诸河地处我国西南部，主要位于我国热带季风气候区、亚热带季风气候区和高原高山气候区。涉及西藏、云南等我国地势最高的区域，包括红河、澜沧江、怒江、伊洛瓦底江、雅鲁藏布江等国际河流中国境内部分以及藏南、藏西诸河，流域面积约84万km^2。区域内水系发育，流域面积在1万km^2以上的河流有18条。西南诸河区湖泊众多，主要集中于西藏高原地区。

西南诸河区自然条件独特，资源丰富，是我国连接东南亚、南亚国家的陆路交通枢纽，面向对外开放的重要门户，对于推动国家"一带一路"发展具有重要的意义。流域雨量充沛、光热资源充足，是全国重要的农林畜产品生产加工、旅游、文化、能源、矿产资源和商贸物流基地。西南诸河区无特大城市，地级以上城市18个（市区在流域内），已形成滇中城市圈和拉萨城市圈。

幸福指数

79.4 分

西南诸河区河湖幸福指数

西南诸河区河湖幸福指数为79.4分,河湖幸福等级为一般等级,在全国10个水资源一级区中排名第三。

河湖幸福指数一级指标评价结果如图5-19所示。其中水生态健康度得分最高,达到良好等级,水环境宜居度处于中等偏上等级,其他指标均处于中等水平。

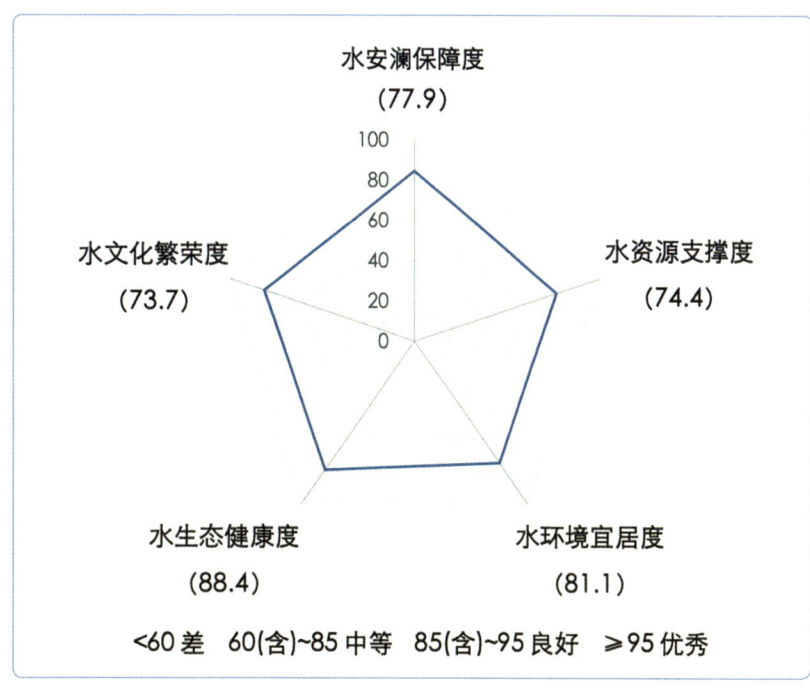

图5-19 西南诸河区河湖幸福指数一级指标

注:( )内数值为指标分值。

水安澜保障度   **77.9 分**

西南诸河区水安澜保障度得分为77.9分,处于中等水平。其中,洪涝灾害人员死亡率为0.63人/百万人,在10个水资源一级区中最为严重,得分最低,为87.5分;洪涝灾害经济损失率为0.41%,洪涝灾害经济损失严重程度在10个水资源一级区中排第二位,得分为72.7分,处于中等水平。堤防防洪标准达标率为55.2%,大中型水库及蓄滞洪区防洪标准达标率为100%,综合计算防洪工程达标率得分为78.4分,处于中等水平。洪涝灾后恢复能力为63.6分,处于中等偏下等级,在10个水资源一级区中排名倒数第二。

水资源支撑度   **74.4 分**

西南诸河区水资源支撑度得分为74.4分,处于中等水平。其中,人均水资源占有量高,达到优秀等级;城乡供水普及率为84.9%,实际灌溉面积比例为70.1%,用水保障率得分为78.5分,处于中等水平,在10个水资源一级区中排名倒数第一;居民生活幸福指数得分为67.1分,处于中等偏下等级;水资源开发利用率仅为1.82%,同时单方水国内生产总值产出量仅为87.0元/m³,水资源支撑高质量发展能力得分为56.5分,处于较差等级。

水环境宜居度　81.1 分

西南诸河区水环境宜居度得分为81.1分，处于中等偏上等级。其中，Ⅰ～Ⅲ类河长比例高达96.9%，劣Ⅴ类比例仅为0.5%，湖库富营养化比例为9.78%，河湖水质指数得分为96.1分，地下水资源保护指数赋分100分，上述2个二级指标得分在10个水资源一级区中均居首位，达到优秀等级；地表水集中式饮用水水源地合格率得分为92.0分，达到良好等级；城乡居民亲水指数得分较低，仅为23.3分，处于很差等级，在10个水资源一级区中排名倒数第二。

水生态健康度　88.4 分

西南诸河区水生态健康度得分为88.4分，处于良好等级。根据生态基流满足程度评价，重要河湖生态流量达标率达到优秀等级；水土保持率得分为92.2分，达到良好等级；河湖自然生境保留率得分为88.6分，达到良好等级；水生生物完整性指数得分为65.9分，处于中等偏下等级。

水文化繁荣度　73.7 分

西南诸河区水文化繁荣度得分为73.7分，处于中等水平。其中，现代水文化创造创新指数、历史水文化保护传承指数及水景观影响力指数得分分别为75.0分、74.6分和74.5分，公众水治理认知参与度得分为70.8分，均处于中等水平。

西南诸河区河湖幸福指数评价结果反映以下几方面的主要问题（见图5-20）：一是洪涝灾害人员死亡率及经济损失率偏高，防洪工程达标率偏低，洪涝灾后恢复能力不足，是西南诸河区水安澜存在的重大不足；二是用水保障率不足，水资源支撑高质量发展能力偏低，制约区域经济社会高质量发展；三是城乡居民亲水设施较为缺乏，是宜居水环境的短板；四是西南诸河区水域自然生境状况良好，但水生生物保护工作仍待加强。

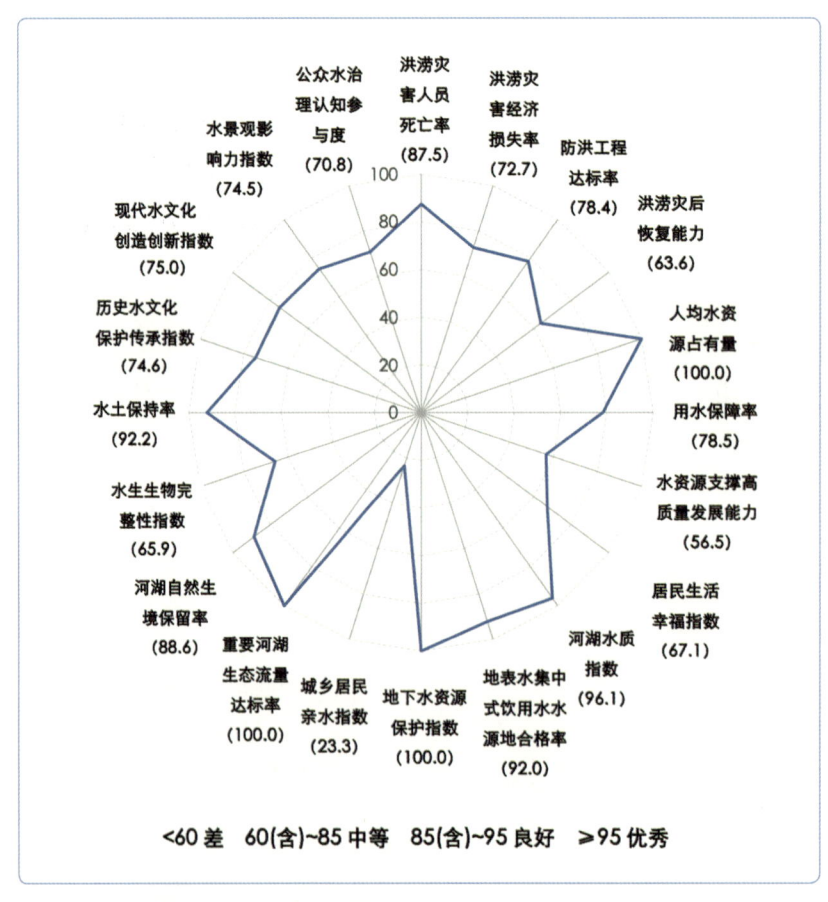

图5-20　西南诸河区河湖幸福指数二级指标

注：（　）内数值为指标分值。

伊犁河光韵 ©韦华宁/视觉中国

11 西北诸河区

流域概况

西北诸河区处于我国干旱、半干旱气候区，总面积为336万km²，行政区划隶属于新疆（含建设兵团）、青海、甘肃、内蒙古、西藏、河北六省（自治区）。流域上游山区为径流形成区，河流出山口后，水分沿程耗散径流减少，直至尾闾湖泊或消失于荒漠之中。西北诸河共有大小河流约600余条，其中大部分在新疆，约500余条。据统计，年径流量大于1.0亿m³的河流有90余条，其中接近或大于10亿m³的河流有13条，除石羊河、黑河、疏勒河和那棱格勒河外，其余9条均在新疆境内。西北诸河湖泊相对较多，大多分布在封闭半封闭的内陆盆地中，多以咸水湖和盐湖为主，10km²以上湖泊有420个。

西北诸河区地域广阔，资源丰富，民族众多，在我国的经济建设、社会稳定和国防安全方面都具有重要的战略地位。作为亚欧大陆的腹心，西北诸河（尤其是河西走廊、新疆一带）是华夏文明与印度文明、波斯文明、希腊文明的交汇地带，同时还是农耕文化和草原游牧文化的交汇地带，以古丝绸之路为纽带，诞生了楼兰文化、刀郎文化、小河文化、古浪文化等。国家实施西部大开发和"一带一路"倡议给西北诸河区带来重大发展机遇，从中国31省（自治区、直辖市）GDP的增速来看，西部地区经济增速持续领跑全国，逐步从对外开放腹地走向对外开放的前沿。

幸福指数

74.0 分
西北诸河区河湖幸福指数

西北诸河区河湖幸福指数为74.0分,河湖幸福等级为一般等级,在全国10个水资源一级区中排名第六。

河湖幸福指数一级指标评价结果如图5-21所示。其中水安澜保障度得分最高,达到中等偏上等级,水资源支撑度得分相对最低,处于中等偏下等级,其他指标均处于中等水平。

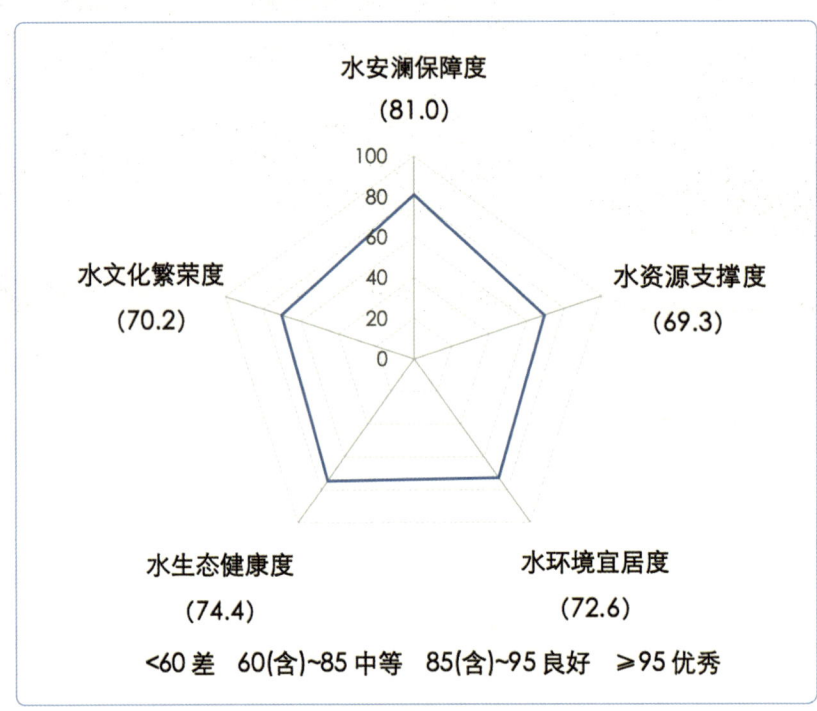

图5-21 西北诸河区河湖幸福指数一级指标
注:( )内数值为指标分值。

水安澜保障度 81.0 分

西北诸河区水安澜保障度得分为81.0分,处于中等偏上等级。其中,洪涝灾害人员死亡率为0.5人/百万人,得分为90.0分,处于良好等级;洪涝灾害经济损失率为0.36%,得分为76.0分,处于中等水平;堤防防洪标准达标率为68.3%,大中型水库及蓄滞洪区防洪标准达标率为100%,综合计算防洪工程达标率得分为83.6分,处于中等偏上等级;洪涝灾后恢复能力得分为60.9分,处在中等偏下等级,在10个水资源一级区中恢复能力相对最弱。

水资源支撑度 69.3 分

西北诸河区水资源支撑度得分为69.3分,处于中等偏下等级。其中,人均水资源占有量约4000m^3,得分为85.4分,达到良好等级,在10个水资源一级区中排名第二。城乡供水普及率为88.2%,实际灌溉面积比例为72.6%,用水保障率得分为81.4分,处于中等偏上等级;居民生活幸福指数得分为72.3分,处于中等水平;水资源开发利用率偏高(53.6%),单方水国内生产总值产出量仅为26.6元/m^3,水资源支撑高质量发展能力处于较差等级,得分仅为38.9分,在10个水资源一级区中相对最差。

水环境宜居度 **72.6 分**

西北诸河区水环境宜居度得分为72.6分,处于中等水平。其中,河湖水质指数及地表水集中式饮用水水源地合格率得分分别为95.9分和100分,均达到优秀等级;地下水资源保护指数及城乡居民亲水指数得分分别为48.0分和21.2分,处于较差等级和很差等级。

水生态健康度 **74.4 分**

西北诸河区水生态健康度得分为74.4分,处于中等水平。其中,水土保持率得分最高,为92.1分,总体达到良好等级;河湖自然生境保留率得分为88.1分,达到良好等级;水生生物完整性指数得分为61.3分,处于中等偏下等级;重要河湖生态流量达标率得分最低,为57.1分,处于较差等级。

水文化繁荣度 **70.2 分**

西北诸河区水文化繁荣度得分为70.2分,处于中等水平。其中,水景观影响力指数得分为78.3分,公众水治理认知参与度得分为72.7分,均处于中等水平,历史水文化保护传承指数及现代水文化创造创新指数得分分别为64.8分和65.0分,处于中等偏下等级。

西北诸河区河湖幸福指数评价结果反映以下几方面的主要问题(见图5-22):一是洪涝灾后恢复能力不足,水利工程设施老化,洪涝灾害人员死亡率相较于其他水资源一级区偏高,河湖水安澜存在隐患;二是水资源开发利用率高,农业用水占比大,单方水国内生产总值产出量过低,水资源支撑高质量发展能力偏低,是影响本区域高质量发展的重大难题;三是局部地区地下水超采严重,重要河湖生态流量达标率整体偏低,生态需水刚性要求未得到满足,是提升水生态系统质量与稳定性亟须解决的重大问题;四是城乡居民亲水指数偏低,水文化建设工作薄弱,是提升河湖幸福水平需要关注的问题。

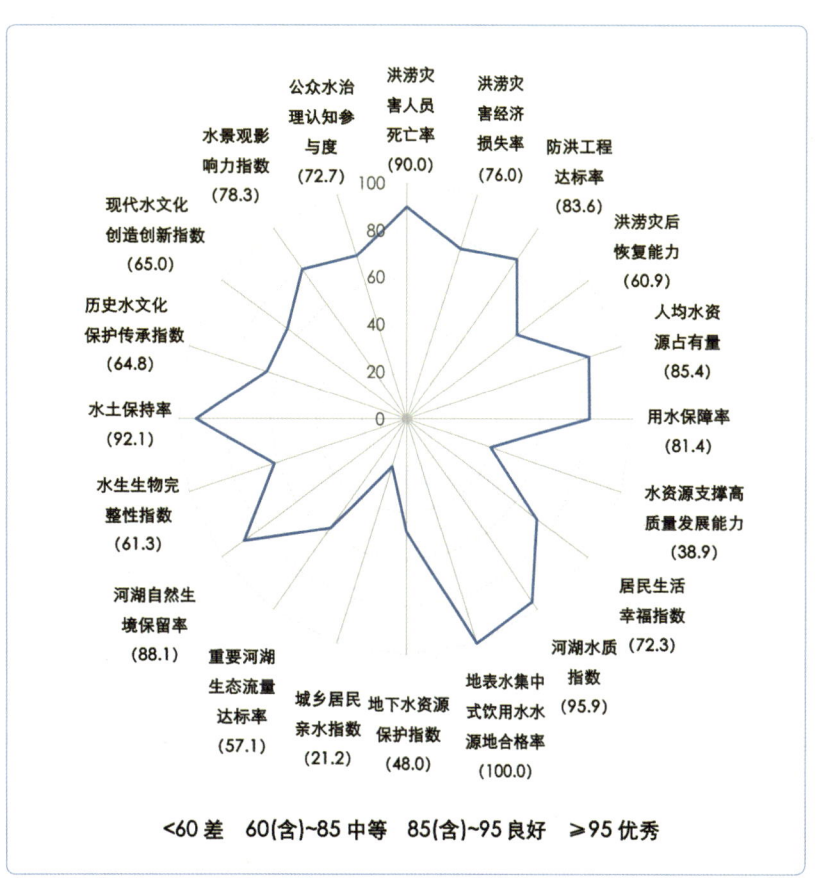

图5-22 西北诸河区河湖幸福指数二级指标

注:( )内数值为指标分值。

附录一
河湖幸福指数评价标准

一、河湖幸福指数指标体系

（一）指标遴选原则

1. 公众关切原则

坚持以人为本、以人民为中心作为幸福河指标体系构建的出发点和落脚点，遵循幸福的心理学和社会学基本原理，体现人对河湖的安全感、获得感、愉悦感等不同层次的精神需求。

2. 普适兼容原则

指标体系适用于不同流域、不同类型、不同规模河湖的评价，能兼容不同区域河湖的基础条件以及所面临问题的差异性，从个性中确定幸福的共性度量标准。

3. 突出重点原则

评价是为了满足人民对美好生活的向往、改进现实中人民对河湖感觉不幸福的影响因素，评价指标要突出人的幸福基础保障与影响精神愉悦要素的刻画，反映出提升人民幸福感的治水方向与工作重点。

4. 现实可行原则

幸福是一种心理体验，但也离不开一定的物理基础，因此指标选取采取主观指标与客观指标相结合，过程中切实考虑指标的可测性与信息的获取性，以及评价结果的纵横向比较与实践运用。

（二）指标体系组成

1. 水安澜保障度

中国特色社会主义进入新时代，水灾害防控也面临新形势，人民群众对美好生活的需求要求水灾害防控不仅能最大限度地降低生命财产损失，同时正常生活秩序也能够不受或少受影响。目前，我国大江大河基本可以防御中华人民共和国成立以来发生的最大洪水，但对标"江河安澜、人民安宁"的愿景，在历史最大洪水防御、风暴潮洪水防御、中小河流防洪及山洪灾害防治、城市排涝等方面还存在诸多短板。为此，选择洪涝灾害人员死亡率、洪涝灾害经济损失率、防洪工程达标率、洪涝灾后恢复能力，表征水安澜保障度。防洪工程达标率进一步细化为堤防、水库与蓄滞洪区防洪标准达标率。

2. 水资源支撑度

用水有保证、生存发展不受或少受水资源制约是优质水资源的应有之义，指标也应从这两方面进行选取。近年来，我国水利对经济社会可持续发展的支撑能力不断增强，正常年份经济社会用水可以得到保障，农村饮水问题基本解决。但是，对标"供水可靠、生活富裕"的愿景，我国水资源空间配置还不均衡，中西部等经济欠发达地区与广大农村地区工程体系不健全、供水能力不足、经济社会发展受水制约等问题依然突出。为此，选择人均水资源占有量、用水保障率表征水资源条件与用水保障程度；选择水资源支撑高质量发展能力、居民生活幸福指数表征发展和幸福生活受水资源制约的程度。

用水保障率进一步细化为城乡自来水普及率和实际灌溉面积比例三级指标。水资源支撑高质量发展能力采用水资源开发利用率、单方水国内生产总值产出量表示。居民生活幸福指数选用人均国内生产总值、恩格尔系数、平均预期寿命等国际通用指标。

3. 水环境宜居度

近年来，我国大江大河水质出现好转，但是，对标"水清岸绿、宜居宜赏"的愿景，部分支流水污染严重、水质不达标仍是建设幸福河的最大挑战，突出表现在支流水环境质量差、优质水比例低，以及湖泊富营养化、地下水超采与污染、人水阻隔等。为此，选择河湖水质指数、地表水集中式饮用水水源地合格率、地下水资源保护指数、城乡居民亲水指数表征水环境宜居度。河湖水质指数细分为河流水质指数、湖库富营养化比例等指标。

4. 水生态健康度

近年来，特别是河长制湖长制实行以后，江河湖泊实现了从"没人管"到"有人管"，有的河湖还实现了从"管不住"到"管得好"的重大转变，有些河湖水生态恢复保护成效非常明显。但是，对标"鱼翔浅底，万物共生"的愿景，河湖萎缩、湿地退化、生物多样性下降等仍是短板。为此，选择重要河湖生态流量达标率、河湖自然生境保留率、水生生物完整性指数、水土保持率，表征水生态健康度。河湖自然生境保留率细分为水域面积保留率、主要河流纵向连通性指数两个指标。

5. 水文化繁荣度

近年来，我国水文化建设取得了丰硕成果。但是，对标"大河文明、精神家园"的愿景，大河文化感召力与吸引力发挥不足，传统水文化挖掘、宣传、传承不够，现代水文化建设培育不够。为此，选择历史水文化保护传承指数、现代水文化创造创新指数、水景观影响力指数、公众水治理认知参与度表征水文化繁荣度。

历史水文化保护传承指数细分为历史水文化遗产保护指数、历史水文化传播力等指标。公众水治理认知参与度细分为公众水意识普及率、公众水治理参与度。

综上，水安澜、水资源、水环境、水生态、水文化五个维度指标细化为20个二级指标、18个三级指标。河湖幸福指数指标体系见附表1。

附表1 河湖幸福指数指标体系

一级指标	二级指标	三级指标
水安澜保障度	1. 洪涝灾害人员死亡率	
	2. 洪涝灾害经济损失率	
	3. 防洪工程达标率	堤防防洪标准达标率
		水库防洪标准达标率
		蓄滞洪区防洪标准达标率
	4. 洪涝灾后恢复能力	
水资源支撑度	5. 人均水资源占有量	
	6. 用水保障率	城乡供水普及率
		实际灌溉面积比例
	7. 水资源支撑高质量发展能力	水资源开发利用率
		单方水国内生产总值产出量
	8. 居民生活幸福指数	人均国内生产总值
		恩格尔系数
		平均预期寿命
水环境宜居度	9. 河湖水质指数	河流水质指数
		湖库富营养化比例
	10. 地表水集中式饮用水水源地合格率	
	11. 地下水资源保护指数	
	12. 城乡居民亲水指数	

续表

一级指标	二级指标	三级指标
水生态健康度	13. 重要河湖生态流量达标率	
	14. 河湖自然生境保留率	水域面积保留率
		河流纵向连通性指数
	15. 水生生物完整性指数	
	16. 水土保持率	
水文化繁荣度	17. 历史水文化保护传承指数	历史水文化遗产保护指数
		历史水文化传播力
	18. 现代水文化创造创新指数	
	19. 水景观影响力指数	
	20. 公众水治理认知参与度	公众水意识普及率
		公众水治理参与度

二、河湖幸福指数计算方法

河湖幸福指数根据水安澜、水资源、水环境、水生态、水文化五个维度进行评价。

$$RHI = \sum_{i=1}^{5} F_i W_i^f \quad (1)$$

$$F_i = \sum_{j=1}^{4} S_{i,j} W_{i,j}^s \quad (2)$$

$$S_{i,j} = \sum_{k=1}^{K} T_{i,j,k} W_{i,j,k}^t \quad (3)$$

式中：RHI为河湖幸福指数；F_i为第i个一级指标得分，i是一级指标下标，从1到5，分别表示水安澜保障度、水资源支撑度、水环境宜居度、水生态健康度、水文化繁荣度；W_i^f为第i个一级指标权重；$S_{i,j}$为第i个一级指标中第j个二级指标得分，j是二级指标下标，从1到4；$W_{i,j}^s$为第i个一级指标中第j个二级指标权重；$T_{i,j,k}$为第i个一级指标中第j个二级指标的第k个三级指标得分，k是三级指标下标，从1到K；$W_{i,j,k}^t$为第i个一级指标中第j个二级指标的第k个三级指标权重。

综合考虑江河流域特点、社会经济状况、人民群众意见来确定权重。人民群众什么方面感觉不幸福、不快乐、不满意，这方面指标权重就大点，其他指标权重就小点，最终采用专家综合评判法确定各指标权重。一级指标权重如附表2所示，二级指标权重如附表3所示。

附表2　河湖幸福指数一级指标权重

一级指标	权重
水安澜保障度 FCC	0.25
水资源支撑度 WRR	0.25
水环境宜居度 WEL	0.20
水生态健康度 AEH	0.20
水文化繁荣度 WCP	0.10

附表3 河湖幸福指数二级指标权重

一级指标	二级指标	权　重
水安澜保障度 FCC	1. 洪涝灾害人员死亡率 FMR	0.30
	2. 洪涝灾害经济损失率 ELR	0.30
	3. 防洪工程达标率 RWA	0.30
	4. 洪涝灾后恢复能力 DRC	0.10
水资源支撑度 WRR	5. 人均水资源占有量 AWP	0.20
	6. 用水保障率 WSR	0.30
	7. 水资源支撑高质量发展能力 CSD	0.25
	8. 居民生活幸福指数 LSI	0.25
水环境宜居度 WEL	9. 河湖水质指数 WQI	0.30
	10. 地表水集中式饮用水水源地合格率 QDS	0.30
	11. 地下水资源保护指数 GPI	0.20
	12. 城乡居民亲水指数 WEI	0.20
水生态健康度 AEH	13. 重要河湖生态流量达标率 REF	0.30
	14. 河湖自然生境保留率 NHR	0.25
	15. 水生生物完整性指数 IBI	0.20
	16. 水土保持率 SWC	0.25
水文化繁荣度 WCP	17. 历史水文化保护传承指数 CPI	0.25
	18. 现代水文化创造创新指数 MCI	0.25
	19. 水景观影响力指数 WLI	0.25
	20. 公众水治理认知参与度 PAE	0.25

三、河湖幸福状况分级标准

借鉴《世界幸福报告》及国民幸福划分标准，RHI从0到100分为4个等级（见附表4），各评价指标得分从0到100分为4个等级（见附表5）。

附表4 河湖幸福指数分级标准表

河湖幸福指数 RHI	等　级		
RHI ≥ 95 分	很幸福		
85 分 ≤ RHI < 95 分	幸福		
60 分 ≤ RHI < 85 分	一般	80 分 ≤ RHI < 85 分	一般偏上
		70 分 ≤ RHI < 80 分	一般
		60 分 ≤ RHI < 70 分	一般偏下
RHI < 60 分	不幸福		

附表5 河湖幸福指数评价指标分级标准表

指标赋分值 V*	等 级		
V≥95 分	优秀		
85 分≤V<95 分	良好		
60 分≤V<85 分	中等	80 分≤V<85 分	中等偏上
		70 分≤V<80 分	中等
		60 分≤V<70 分	中等偏下
V<60 分	差	30 分≤V<60 分	较差
		V<30 分	很差

* V 表示 F_i、$S_{i,j}$ 或 $T_{i,j,k}$。

四、河湖幸福指数指标计算方法

河湖幸福指数 RHI 由水安澜保障度、水资源支撑度、水环境宜居度、水生态健康度和水文化繁荣度 5 个一级指标组成，权重分别为 0.25、0.25、0.20、0.20 和 0.10。

（一）水安澜保障度 FCC（Flood Control Capacity）

水安澜保障度是一级指标，包括洪涝灾害人员死亡率、洪涝灾害经济损失率、防洪工程达标率和洪涝灾后恢复能力 4 个二级指标，权重分别为 0.30、0.30、0.30 和 0.10。

指标1：洪涝灾害人员死亡率FMR（Flood-induced Mortality Rate）

（1）概念。指流域内因洪涝灾害死亡和失踪人口数占总人口数的比例。

（2）指标值计算方法。FMR_0=流域范围内近5年各年度洪涝灾害人员死亡率平均数。其中，年度洪涝灾害人员死亡率=当年洪涝灾害死亡失踪总人口数（单位：人）/流域范围内当年总人口数（单位：百万人）。

（3）指标赋分方法。近5年无死亡失踪人口，即 $FMR_0=0$，FMR=100；近5年，$FMR_0 \geq 5$ 人/百万人，FMR=0；其他情况按线性插值赋分。

（4）资料来源。流域管理机构提供的资料，近5年《中国水旱灾害公报》《中国水旱灾害防御公报》，各流域综合规划等。

（5）指标计算详细说明。参考部分发达国家近年洪涝灾害人员死亡率水平确定赋分标准。采用各流域机构提供的各年度死亡失踪人口数和流域总人口数，近5年《中国水旱灾害公报》《中国水旱灾害防御公报》，各流域综合规划资料数据等。

指标2：洪涝灾害经济损失率ELR（Economic Loss Rate）

（1）概念。指因洪涝灾害直接经济损失占同期该地区GDP的比例。

（2）指标值计算方法。ELR_0=流域范围内近5年各年度洪涝灾害经济损失率平均数。其中，年度洪涝灾害经济损失率=当年因洪涝灾害直接经济损失（单位：万元）/流域范围内当年GDP（单位：万元）×100%。

（3）指标赋分方法。近5年无经济损失，即$ELR_0=0\%$，ELR=100；近5年，$ELR_0 \geqslant 1.5\%$，ELR=0；其他情况按线性插值赋分。

（4）资料来源。流域管理机构提供的资料，近5年《中国水旱灾害公报》《中国水旱灾害防御公报》、各流域综合规划等。

（5）指标计算详细说明。参考部分发达国家近年洪涝灾害经济损失率水平确定赋分标准。采用流域管理机构提供的各年度因洪涝灾害造成的直接经济损失和流域GDP、近5年《中国水旱灾害公报》《中国水旱灾害防御公报》、各流域综合规划资料数据等。

指标3：防洪工程达标率RWA（Rate of Flood Control Works with Accepted Capacity）

防洪工程达标率是二级指标，指流域防洪工程达到规划防洪标准的比例，采用堤防防洪标准达标率、水库防洪标准达标率和蓄滞洪区防洪标准达标率3个三级指标综合评定，权重分别为0.40、0.40、0.20。

1. 堤防防洪标准达标率RAD（Rate of Accepted Dikes）

（1）概念。指流域干流防洪堤防达到相关规划要求防洪标准的长度占规划干流堤防总长度的比例。

（2）指标值计算方法。RAD_0 = 达标堤段长度（单位：km）/规划堤防总长度（单位：km）×100%。

（3）指标赋分方法。RAD= RAD_0 × 100。

（4）资料来源。流域管理机构提供的资料，公开文献资料等。

（5）指标计算详细说明。松花江区、辽河区、海河区、黄河区、珠江区和西北诸河区采用流域管理机构提供资料，其他流域采用课题组已掌握资料。

2. 水库防洪标准达标率RAR（Rate of Accepted Reservoirs）

（1）概念。指流域具有防洪功能的可按照设计正常发挥防洪作用的水库座数占规划水库总数的比例。

（2）指标值计算方法。RAR_0 = 可按照设计正常发挥防洪作用的水库座数/规划具有防洪功能的水库总数×100%。其中，水库按照大中型和小型水库分别计算，其权重分别为0.6和0.4。

（3）指标赋分方法。RAR=RAR_0 × 100。

（4）资料来源。流域管理机构提供的资料，水利部公布的全国小型病险水库除险加固工程进展通报数据，公开文献资料等。

（5）指标计算详细说明。松花江区、辽河区、海河区、珠江区采用流域管理机构提供的数据，其他流域采用课题组已掌握的资料、水利部公布的全国小型病险水库除险加固工程进展通报数据。

3. 蓄滞洪区防洪标准达标率RAB（Rate of Accepted Flood Detention Basins）

（1）概念。指依据防洪规划可正常发挥行蓄滞洪作用的蓄滞洪区数量占流域规划蓄滞洪区总数的比例，主要统计流域内国家蓄滞洪区的情况。

（2）指标值计算方法。RAB_0 = 可正常发挥行蓄滞洪作用的蓄滞洪区数量/规划蓄滞洪区总数×100%。

（3）指标赋分方法。RAB=RAB_0 × 100。

（4）资料来源。流域管理机构提供的资料，课题组调查获取的蓄滞洪区资料，公开文献资料。

（5）指标计算详细说明。松花江区、海河区、淮河区、珠江区采用流域管理机构提供的数据计算，黄河区和长江区采用课题组调查获取的数据。

指标4：洪涝灾后恢复能力DRC（Post-Disaster Recovery Capability）

（1）概念。指发生洪涝灾害后经抢险救援和灾后恢复行动使受影响区域人民生产生活恢复到有序状态的能力。洪涝灾后恢复能力根据流域经济实力、发展水平、抢险救援能力、灾后恢复行动力4项参数综合评估确定。

（2）指标值计算方法。采用专家经验评分法对流域经济实力、发展水平、抢险救援能力、灾后恢复行动力4项参数进行评价。

（3）指标赋分方法。4项参数总分均为100分，依据专家经验评分法赋分，并采用加权平均法计算洪涝灾后恢复能力得分，4项参数权重分别为0.30、0.20、0.25和0.25。

（4）资料来源。流域管理机构提供的资料，各省国民经济和社会发展统计公报。

（5）指标计算详细说明。结合各流域管理机构提供的洪涝灾害数据和灾后恢复资料、社会经济统计数据等，采用专家经验评分法对各流域指标进行综合赋分。

（二）水资源支撑度WRR（Water Resources Reliability）

水资源支撑度是一级指标，包括人均水资源占有量、用水保障率、水资源支撑高质量发展能力和居民生活幸福指数4个二级指标，权重分别为0.20、0.30、0.25和0.25。

指标5：人均水资源占有量AWP（Available Water Volume Per Capita）

（1）概念。指流域内人口平均占有的水资源量。

（2）指标值计算方法。AWP_0＝流域水资源总量/流域总人口。其中，流域水资源总量＝评价年水资源总量×0.5+多年平均水资源总量×0.5。

（3）指标赋分方法。按照人均水资源占有量赋分标准表（见附表6）对AWP进行赋分。

附表6 人均水资源占有量赋分标准表

人均水资源占有量/m³	10000	1700	1000	500	0
AWP	100	80	60	40	0

（4）资料来源。《中国水资源公报2019》和《全国水资源综合规划》。

（5）指标计算详细说明。多年平均水资源总量采用全国第二次水资源调查评价数据。人均水资源占有量指当地自产水资源量。太湖流域人均当地自产水资源量仅为328m³，但过境水资源十分丰富，用人均当地自产水资源量不能充分反映流域水资源条件。考虑太湖流域是长江区的组成部分，人均水资源占有量采用长江区数据。

指标6：用水保障率WSR（Water Supply Reliability）

用水保障率是二级指标，包括城乡供水普及率和实际灌溉面积比例2个三级指标，权重分别为0.57和0.43。

1. 城乡供水普及率WSC（Water Supply Coverage）

（1）概念。指流域内使用自来水的人口数占总人口数的百分比。

（2）指标值计算方法。WSC_0＝（城市供水普及率×城市人口+县城供水普及率×县城人口+建制镇供水普及率×建制镇人口+农村自来水普及率×农村人口）/流域总人口×100%。

（3）指标赋分方法。$WSC = WSC_0 \times 100$。

（4）资料来源。《中国城乡建设统计年鉴2018》和《中国水资源公报2019》。

（5）指标计算详细说明。城市、县城、建制镇供水普及率采用《中国城乡建设统计年鉴2018》有关数据；城市、县城、建制镇人口（含暂住人口）按城镇总人口乘以相应比例确定，城镇总人口采用《中国水资源公报2019》数据，城市、县城、建制镇人口比例采用《中国城乡建设统计年鉴2018》有关数据。农村自来水普及率由课题组调查获得；农村人口采用《中国水资源公报2019》数据。

2. 实际灌溉面积比例RIA（Rate of Actual Irrigated Areas）

（1）概念。表征流域实际耕地灌溉保障程度，根据耕地实际灌溉面积与灌溉面积的比值计算。

（2）指标值计算方法。RIA_0＝耕地实际灌溉面积/灌溉面积×100%。

（3）指标赋分方法。$RIA = RIA_0 \times 100$。

（4）资料来源。《中国水利统计年鉴2020》。

（5）指标计算详细说明。10个水资源一级区采用《中国水利统计年鉴2020》统计数据；太湖流域耕地灌溉面积和实际灌溉面积数据采用课题组估算结果。

指标7：水资源支撑高质量发展能力CSD（Capacity for Supporting High-Quality Development）

水资源支撑高质量发展能力是二级指标，包括水资源开发利用率和单方水国内生产总值产出量2个三级指标，权重分别为0.48和0.52。

1. 水资源开发利用率WUR（Water Resources Utilization Rate）

（1）概念。表征水资源开发利用程度，根据供水量与水资源总量比值计算。

（2）指标值计算方法。WUR_0 = 供水量/水资源总量×100%。其中，供水量不包括净调水量（调入量－调出量）、其他水源的供水量。

（3）指标赋分方法。按照水资源开发利用率赋分标准表（见附表7）对WUR进行赋分。

附表7 水资源开发利用率赋分标准表

水资源开发利用率/%	北方地区	≤40	50	67	75	≥90
	南方地区	≤20	30	40	50	≥60
WUR		100	80	60	40	0

（4）资料来源。《中国水资源公报2019》。

（5）指标计算详细说明。太湖流域采用太湖流域管理局提供的第三次水资源调查评价数据，其他评价区供水量采用《中国水资源公报2019》数据。水资源开发利用率赋分标准表依据为《河湖健康评估技术导则》（SL/T 793—2020）。北方地区包括松花江、辽河区、海河区、黄河区、淮河和西北诸河区，南方地区包括长江区、东南诸河区、珠江区、西南诸河区以及太湖流域。

2. 单方水国内生产总值产出量GOW（GDP Output Per Cubic Meter of Water Use）

（1）概念。表征水资源集约利用水平，根据流域国内生产总值与用水量比值计算。

（2）指标值计算方法。GOW_0 = 10000/万元国内生产总值用水量。

（3）指标赋分方法。GOW = GOW_0/基准值×100；若GOW≥100，计100。其中，基准值取高收入国家用水水平中位数万美元用水量130m^3，折合单方水国内生产总值产出531元（人民币计）。

（4）资料来源。《中国水资源公报2019》。

指标8：居民生活幸福指数LSI（Life Satisfaction Index）

居民生活幸福指数是二级指标，包括人均国内生产总值、恩格尔系数和平均预期寿命3个三级指标，权重分别为0.32、0.36和0.32。

1. 人均国内生产总值GPC（GDP Per Capita）

（1）概念。指一定时期内按常住人口平均计算的GDP。

（2）指标值计算方法。GPC_0 = 流域国内生产总值/流域人口。

（3）指标赋分方法。GPC = GPC_0/基准值×100，若GPC≥100，计100。其中，基准值取高收入国家较低水平2万美元，汇率为689.85人民币元/100美元。

（4）资料来源。《中国水资源公报2019》。

2. 恩格尔系数ENC（Engel's Coefficient）

（1）概念。表征居民生活富裕水平，指食品支出总额占个人消费支出总额的比重。

（2）指标值计算方法。

$$ENC_0 = \frac{\sum ENC_i \times CAP_i}{\sum CAP_i}$$

式中：ENC_0为流域恩格尔系数；ENC_i为i省恩格尔系数，为流域内i省人均居民食品烟酒支出/人均消费支出；CAP_i为流域内i省人口。

（3）指标赋分方法。ENC = 基准值/ENC_0×100；若ENC≥100，计100。其中，基准值取联合国确定的富足标准（20%~30%）中间水平，即25%。

（4）资料来源。《中国统计年鉴2020》。

（5）指标计算详细说明。恩格尔系数以省为单元进行统计,按评价区涉及省级行政区人口与恩格尔系数加权计算评价区恩格尔系数。

3. 平均预期寿命ALE（Average Life Expectancy）

（1）概念。指一个人口群体从出生起平均能存活的年龄（岁）。平均预期寿命根据分年龄死亡率,通过编制生命表得到的。由于需要分年龄死亡数据,为了保证分年龄死亡数据的代表性,必须从规模较大的调查中获得死亡数据。我国利用10年一次的人口普查和5年一次的1%人口抽样调查获得的死亡数据计算平均预期寿命。

（2）指标值计算方法。

$$ALE_0 = \frac{\sum ALE_i \times CAP_i}{\sum CAP_i}$$

式中：ALE_0为流域平均预期寿命；ALE_i为i省平均预期寿命；CAP_i为流域内i省人口。

（3）指标赋分方法。ALE = ALE_0/基准值×100；若ALE≥100,计100。其中,基准值取高收入国家中位数81岁。

（4）资料来源。《中国卫生健康统计年鉴2019》。

（5）指标计算详细说明。我国以省为单位的平均预期寿命数据10年更新一次。《中国卫生健康统计年鉴2019》统计的平均预期寿命为2010年数据,以省为单位。本次评价按评价区涉及省级行政区人口与平均预期寿命加权计算评价区平均预期寿命。

（三）水环境宜居度WEL（Water Environment Livability）

水环境宜居度是一级指标,包括河湖水质指数、地表水集中式饮用水水源地合格率、地下水资源保护指数和城乡居民亲水指数4个二级指标,权重分别为0.30、0.30、0.20和0.20。

指标9：河湖水质指数WQI（Water Quality Index）

河湖水质指数是二级指标,包括河流水质指数和湖库富营养化比例2个三级指标,权重分别为0.60和0.40。

1. 河流水质指数RQI（River Water Quality Index）

（1）概念。指根据相关水质标准规定的评价参数、采用水质类别比例综合表征河流水质状况的无量纲参数。

（2）指标值计算方法。根据Ⅰ~Ⅲ类河长比例、劣Ⅴ类河长比例进行评价。Ⅰ~Ⅲ类河长比例是指水质类别优于及等于Ⅲ类水的河长占评价河长的比例,劣Ⅴ类河长比例是指水质类别为劣Ⅴ类水的河长占评价河长的比例。

（3）指标赋分方法。河流水质指数赋分标准表见附表8。

附表8 河流水质指数赋分标准表

河流水质指数	RQI
Ⅰ~Ⅲ类水质比例≥90%	100
75%≤Ⅰ~Ⅲ类水质比例<90%	80
Ⅰ~Ⅲ类水质比例<75%,且劣Ⅴ类比例<劣Ⅴ类全国平均比例	60
Ⅰ~Ⅲ类水质比例<75%,且劣Ⅴ类全国平均比例≤劣Ⅴ类比例<劣Ⅴ类全国平均比例2倍	40
Ⅰ~Ⅲ类水质比例<75%,且劣Ⅴ类全国平均比例2倍≤劣Ⅴ类比例<劣Ⅴ类全国平均比例4倍	20
劣Ⅴ类比例≥劣Ⅴ类全国比例4倍	0

（4）资料来源。课题组调查获得。

（5）指标计算详细说明。河流水质类别评价采用《地表水资源质量评价技术规程》（SL 395—2007）规定的方法。

2. 湖库富营养化比例REL（Rate of Eutrophied Lakes and Reservoirs）

（1）概念。指流域内富营养化湖库个数占评价湖库总数的比例。

（2）指标值计算方法。REL_0=富营养化湖泊水库个数/评价湖泊水库总数×100%。

（3）指标赋分方法。REL=(1−REL_0)×100。

（4）资料来源。课题组调查获得。

（5）指标计算详细说明。湖库富营养化评价采用《地表水资源质量评价技术规程》（SL 395—2007）规定的方法。

指标10：地表水集中式饮用水水源地合格率QDS（Qualification Rate of Surface Centralized Drinking Water Source）

（1）概念。指流域内地表水集中式饮用水水源地合格个数占地表水集中式饮用水水源地总数的比例。

（2）指标值计算方法。QDS_0 = 地表水集中式饮用水水源地合格个数/地表水集中式饮用水水源地总数 × 100%。

（3）指标赋分方法。$QDS = QDS_0 \times 100$。

（4）资料来源。课题组调查获得。

（5）指标计算详细说明。地表水集中式饮用水水源地合格率评价方法采用《水资源公报编制规程》（GB/T 23598—2009）规定方法。

指标11：地下水资源保护指数GPI（Ground Water Protection Index）

（1）概念。指评价区域地下水水量和水质的可持续性及安全性保护状况。本阶段根据地下水开采系数进行评价。

（2）指标值计算方法。GPI_0 = 区域浅层地下水总开采量/区域地下水可开采量。

（3）指标赋分方法。$GPI_0 \leq 0.3$，$GPI = 100$；GPI_0 每增加0.1，GPI扣减10分；$GPI_0 \geq 1.3$，$GPI = 0$。

（4）资料来源。浅层地下水总开采量采用《中国水资源公报》近三年平均值或平水年开采量；地下水可开采量采用全国第三次或第二次水资源调查评价数据。

（5）指标计算详细说明。地下水开采量不包括深层地下水开采量。淮河区采用全国第二次水资源调查评价数据，其他评价区采用全国第三次水资源调查评价数据。

指标12：城乡居民亲水指数WEI（Water Entertainment Index）

（1）概念。主要评价亲水性设施完善程度。以国家水利风景区等人工类型水体的个数代表亲水性设施完善情况。

（2）指标值计算方法。
$$WEI_0 = M/S$$
式中：M为国家水利风景区的个数；S为流域面积，10万km²。

（3）指标赋分方法。居民亲水指数WEI根据附表9进行赋分。

附表9　城乡居民亲水指数赋分表

亲水性设施完善程度/（个/10万km²）	100	20	10	5	1	0
WEI	100	80	60	40	20	0

（4）资料来源。国家水利风景区名单：http://www.jimo.gov.cn/。

（四）水生态健康度AEH（Aquatic Ecosystem Health）

水生态健康度是一级指标，包括重要河湖生态流量达标率、河湖自然生境保留率、水生生物完整性指数和水土保持率4个二级指标，权重分别为0.30、0.25、0.20和0.25。

指标13：重要河湖生态流量达标率REF（Rate of Major Rivers and Lakes with Accepted Ecological Flows）

（1）概念。指流域内符合生态流量标准要求的重要河湖主要控制断面数量占总评价断面数量的比例，本次主要依据生态基流满足状况进行评价。

（2）指标值计算方法。REF_0 = 满足生态流量目标的控制断面（点位）数/评价断面（点位）数量 × 100%。

（3）指标赋分方法。$REF = REF_0 \times 100$。

（4）资料来源。主要包括流域水资源保护规划及文献有关数据和资料、重要水利水电工程在控制断面上的生态流量保障资料或数据、各流域管理机构协助提供的生态流量达标断面数据等。

（5）指标计算详细说明。生态流量目标的控制断面采用各流域水资源综合规划、流域水资源保护规划及《水利部关于印发第一批重点河湖生态流量保障目标的函》等相关资料中的目标值，评价断面流量数据主要来自2018年的《中华人民共和国水文年鉴》，以此按照上述计算方法进行生态流量达标率的计算。

指标14：河湖自然生境保留率NHR（Natural Aquatic Habitat Retention Rate）

河湖自然生境保留率是二级指标，包括水域面积保留率和主要河流纵向连通性指数2个三级指标，权重依次为0.50和0.50。

1. 水域面积保留率RRW（Retention Rate of Waters）

（1）概念。流域内水域空间（河流、湖泊、水库、滩涂、滩地、沼泽）面积与其历史参考面积的比值。

（2）指标值计算方法。

$$RRW_0 = PA / ZA \times 100\%$$

式中：PA为水域空间（河流、湖泊、水库、滩涂、滩地、沼泽）面积，km^2；ZA为20世纪80年代水域空间面积，km^2。

（3）指标赋分方法。$RRW = RRW_0 \times 100$。

（4）资料来源。20世纪80年代和2018年土地利用遥感解译结果。

2. 河流纵向连通性指数LCI（River Longitudinal Connectivity Index）

（1）概念。河流内部闸坝等障碍物的数量、类型、规模在空间结构上对于鱼类等生物迁徙、能量及营养物质传递的影响。

（2）指标值计算方法。

$$LCI_j = \frac{\sum_{i=1}^{n} a_i b_i}{L_j} \times 100$$

其中

$$b_i = \frac{b_{Li} + b_{Qi}}{2 b_{Li}} = \frac{\sqrt{(L_{ai}/L_j) \times (L_{bi}/L_j)}}{(L_{ai}/L_j) + (L_{bi}/L_j)/2} = \frac{Q_i/Q_j}{\alpha b_{Qi}} = \frac{Q_i/Q_j}{\beta}$$

式中：LCI_j为第j段河流的纵向连通性指数；a_i为第i种的拦河坝对应的阻隔系数（见附表10）；b_i为第i种阻隔物的位置修正系数；b_{Li}为表征阻隔物位置对本级河流纵向连通性的影响的位置修正因子，表征阻隔物位置对本级河流纵向连通性的影响；b_{Qi}为表征阻隔物位置对该河段与所汇入干流之间的连通性影响的位置修正因子，表征阻隔物位置对该河段与所汇入干流（河口）之间的连通性的影响；L_{ai}为阻隔物距所在河流源头的距离；L_{bi}为阻隔物距河口（或汇入干流处）的距离；Q_i为阻隔物处多年平均天然径流量；Q_j为该河段河口（或汇入干流处）多年平均天然径流量；α、β为标准化系数，取值分别为0.78和0.50。

附表10 阻隔系数取值

类型	对鱼类洄游通道阻隔特征	阻隔系数
水库大坝	完全阻隔	1.00
水库大坝	有过鱼设施	0.50
水库大坝	有船闸	0.75
引水式水电站		0.50
水闸	部分时间段对鱼类洄游造成阻隔	0.25
橡胶坝	对部分鱼类洄游造成阻隔	0.25

主要河流评价对象为流域面积大于10000km^2的河流。拦河建筑物类型中，水库考虑大中型水库（总库容大于1000万m^3），水电站考虑小(1)型及以上（装机容量大于10000kW）。各一级区的主要河流纵向连通性指数计算公式如下：

$$LCI_x = \frac{\sum_{j=1}^{n} LCI_j L_j}{\sum_{j=1}^{n} L_j}$$

式中：LCI_x为第x个一级区的主要河流纵向连通性指数；n为第x个一级区中流域面积大于10000km^2的河流数量；L_j为第j条河流的长度。

（3）指标赋分方法。根据全国主要河湖水生态保护与修复规划、全国水资源保护规划等已有成果，结合流域实际，确定主要河流纵向连通性指数的标准化方法：LCI=（1–LCI_x/2.5）× 100；当LCI_x > 2.5时，LCI = 0。

（4）资料来源。第一次全国水利普查成果。

指标15：水生生物完整性指数IBI（Index of Biological Integrity）

（1）概念。通过建立水生生物多参数评价指标体系，对比水生生物群落结构的现状值和期望值之间的偏差，评估生态系统受到影响和扰动的程度。考虑到鱼类在生态系统中的代表性和重要性，本次评估选择鱼类作为水生生物评估具体指标对象。

（2）指标值计算方法。根据各流域分区本底资料和数据翔实度，对已经开展过较为系统的鱼类完整性研究和课题组掌握较为翔实数据资料的流域，主要采用鱼类完整性指数进行指标值的计算。对于本底资料缺乏且鱼类完整性研究较少的区域，采用鱼类保有指数（现状调查种类数量/历史参考鱼类数量）计算水生生物完整性指数。以上两种计算方法IBI_0分布范围均为0～1。

（3）指标赋分方法。IBI=IBI_0× 100。

（4）资料来源。近年来该区域内开展的鱼类完整性评价研究成果，全国河湖健康评估成果，《中国重点流域水生态系统健康评价》成果，已发表文献，流域管理机构提供数据。

（5）指标计算详细说明。鱼类保有指数计算方法采用《河湖健康评估技术导则》（SL/T 793—2020）规定方法，鱼类完整性指数计算方法参照有关技术文献及美国相关技术文件。

指标16：水土保持率SWC（Soil and Water Conservation Rate）

（1）概念。指评价区域内水土保持状况良好的面积（非水土流失面积）占该区域面积的百分比。

（2）指标值计算方法。SWC_0=评价区域内土壤侵蚀强度在轻度以下的面积/评价区域面积× 100%。

（3）指标赋分方法。SWC= SWC_0/水土保持率阈值× 100。

（4）资料来源。水土保持率现状值计算所需的区域内土壤侵蚀强度在轻度以下的国土面积，可依据全国年度水土流失动态监测成果获得。区域水土保持率阈值由水利部相关研究成果分区汇总得到。

（5）指标计算详细说明。本次评价中各区的水土保持率现状值均采用2018年度全国水土流失动态监测结果统计确定；各区的水土保持率阈值采用2019年水利重大科技问题研究项目"新时代水土保持目标与对策研究"成果统计确定。

（五）水文化繁荣度WCP（Water Culture Prosperity）

水文化繁荣度是一级指标，包括历史水文化保护传承指数、现代水文化创造创新指数、水景观影响力指数和公众水治理认知参与度等4个二级指标，权重分别为0.25、0.25、0.25和0.25。

指标17：历史水文化保护传承指数CPI（Water Culture Protection and Inheritance Index）

历史水文化保护传承指数是二级指标，包括历史水文化遗产保护指数和历史水文化传播力2个三级指标，权重分别为0.60和0.40。

1. 历史水文化遗产保护指数HPI（Water Heritage Protection Capacity Index）

（1）概念。平均每10万km^2流域面积列入世界级、国家级或省级物质与非物质遗产、文物保护单位等有关名录的数量。

（2）指标计算方法。HPI_0 =（省级遗产个数+国家级遗产个数× 2+世界级遗产个数× 5）/流域面积。其中，流域面积单位为10万km^2，不足10万km^2，按照10万km^2计。

（3）指标赋分方法。HPI_0=0，HPI赋0分；HPI_0≥10，HPI赋100分；其他情况按线性插值赋分。

（4）资料来源。列入世界级或国家级物质与非物质遗产、文物保护单位等相关遗产名录，以及流域内历史超过100年的古代水利工程名录（视重要程度适当放宽始建年限至1949年）。

2. 历史水文化传播力HCC（Historical Water Culture Communication Capacity）

（1）概念。平均每10万km²流域面积建设国家级或省级水利博物馆、水利展览馆、水利科普馆、水情教育基地数量，或将水文化、水利建设内容纳入其他国家级或省级博物馆、爱国主义教育基地等的数量。

（2）指标计算方法。HCC_0=（国家级博物馆或基地个数×2+省级博物馆或基地个数）/流域面积。其中，流域面积单位为10万km²，不足10万km²，按照10万km²计。

（3）指标赋分方法。HCC_0=0，HCC=0；$HCC_0 \geq 6$，HCC=100；其他情况按线性插值赋分。

（4）资料来源。国家级水利博物馆、水利展览馆、水利科普馆、水情教育基地名录，或者将水文化、水利建设内容纳入其他国家级博物馆、爱国主义教育基地等的名录。

指标18：现代水文化创造创新指数MCI（Modern Water Culture Creation and Innovation Index）

（1）概念。指与古代水文化具有继承和发展关系的现代江河保护治理创新力和现代水文化品牌创造力，其特征是现代人们创造的新的人水和谐、可持续发展的水文化成果。平均每10万km²流域面积江河保护治理技术、工艺、做法等上升为法律法规、国际/国家/地方标准，或者获得国家级或省部级一、二等奖励、国家发明专利并被推广的数量。

（2）指标计算方法。MCI_0=[国家级（法律法规+标准+获奖+发明专利）项数×2+省级（法律法规+标准+获奖+发明专利）项数]/流域面积。其中，流域面积单位为10万km²，不足10万km²，按照10万km²计。

（3）指标赋分方法。MCI_0=0，MCI=0；$MCI_0 \geq 6$，MCI=100；其他情况按线性插值赋分。

（4）资料来源。江河保护治理技术、工艺、做法等上升为法律法规、国际/国家/地方标准名录，获得国家级或省部级一二等奖励、国家发明专利名录。

指标19：水景观影响力指数WLI（Water Landscape Impact Index）

（1）概念。指水资源一级区人均拥有的自然水景观数量。自然水景观包括列入世界级或国家级或省级自然遗产、湿地公园、国家公园等名录。

（2）指标计算方法。WLI_0=[世界级自然遗产水景观个数×5+国家级（自然遗产水景观+湿地公园+国家公园）个数×2+省级（自然遗产水景观+湿地公园）个数]/流域总人口（单位：百万人）。

（3）指标赋分方法。$WLI_0 \leq 1$，WLI=50；$WLI_0 \geq 10$，WLI=100；其他情况按线性插值赋分。

（4）资料来源。世界自然遗产目录，国家级及省级自然遗产、湿地公园、国家公园目录。

指标20：公众水治理认知参与度PAE（Public Awareness and Engagement in Water Governance）

公众水治理认知参与度是二级指标，包括公众水意识普及率和公众水治理参与度2个三级指标，权重分别为0.60和0.40。

1. 公众水意识普及率ARW（Public Awareness Rate of Water）

（1）概念。流域内公众认识水、尊重水、爱护水、节约水等方面意识的普及程度。

（2）指标赋分方法。采用调查问卷的方式，对公众认识水、尊重水、爱护水、节约水的意识普及程度进行统计分析，每份调查问卷总分100分，根据所有调查问卷计算平均得分。

（3）资料来源。公众水意识普及度调查问卷。

2. 公众水治理参与度ERW（Public Engagement Rate in Water Governance）

（1）概念。指相关水利科普、水利建设、水利监督等活动开展情况。

（2）指标赋分方法。采用调查问卷的方式，对公众参与相关水利科普、水利建设、水利监督等活动的情况进行统计分析，每份调查问卷总分100分，根据所有调查问卷计算平均得分。

（3）资料来源。公众水治理参与度调查问卷。

附录二
评价数据来源简要说明

指　　标	数　据　来　源
指标1：洪涝灾害人员死亡率 FMR	流域管理机构资料，《中国水旱灾害公报2014—2018》《中国水旱灾害防御公报2019》，各流域综合规划
指标2：洪涝灾害经济损失率 ELR	
指标3：防洪工程达标率 RWA	
（1）堤防防洪标准达标率 RAD	
（2）水库防洪标准达标率 RAR	
（3）蓄滞洪区防洪标准达标率 RAB	
指标4：洪涝灾后恢复能力 DRC	流域管理机构资料，国民经济和社会发展统计公报
指标5：人均水资源占有量 AWP	《中国水资源公报2019》，全国水资源综合规划
指标6：用水保障率 WSR	
（1）城乡供水普及率 WSC	《中国城乡建设统计年鉴2018》《中国水资源公报2019》
（2）实际灌溉面积比例 RIA	流域管理机构资料，《中国水利统计年鉴2020》
指标7：水资源支撑高质量发展能力 CSD	
（1）水资源开发利用率 WUR	流域管理机构资料，《中国水资源公报2019》
（2）单方水国内生产总值产出量 GOW	《中国水资源公报2019》
指标8：居民生活幸福指数 LSI	
（1）人均国内生产总值 GPC	《中国水资源公报2019》
（2）恩格尔系数 ENC	《中国统计年鉴2020》
（3）平均预期寿命 ALE	《中国卫生健康统计年鉴2019》
指标9：河湖水质指数 WQI	
（1）河流水质指数 RQI	
（2）湖库富营养化比例 REL	课题组调查获得
指标10：地表水集中式饮用水水源地合格率 QDS	
指标11：地下水资源保护指数 GPI	
指标12：城乡居民亲水指数 WEI	国家级水利风景区名单

续表

指　　标	数　据　来　源
指标 13：重要河湖生态流量达标率 REF	流域管理机构资料，2018 年《中华人民共和国水文年鉴》
指标 14：河湖自然生境保留率 NHR	
（1）水域面积保留率 RRW	20 世纪 80 年代和 2018 年全国遥感数据
（2）河流纵向连通性指数 LCI	全国第一次水利普查
指标 15：水生生物完整性指数 IBI	水利部全国重要河湖健康评估项目成果，《中国重点流域水生态系统健康评价》《长江上游珍稀特有鱼类国家级自然保护区科学考察报告》以及国内相关研究论文等资料
指标 16：水土保持率 SWC	全国水土流失动态监测成果，2019 年水利重大科技问题研究项目"新时代水土保持目标与对策研究"成果
指标 17：历史水文化保护传承指数 CPI	列入世界级或国家级物质与非物质遗产、文物保护单位等有关的遗产名录，以及本地历史超过 100 年的古代水利工程资料
（1）历史水文化遗产保护指数 HPI	
（2）历史水文化传播力 HCC	
指标 18：现代水文化创造创新指数 MCI	江河保护治理技术、工艺、做法等上升为法律法规、国际/国家/地方标准名录，获得国家级或省部级一二等奖励、国家发明专利名录
指标 19：水景观影响力指数 WLI	列入世界级或国家级或省级自然遗产、湿地公园、国家公园等的数量、区域人口
指标 20：公众水治理认知参与度 PAE	
（1）公众水意识普及率 ARW	公众水意识普及度调查问卷
（2）公众水治理参与度 ERW	公众水治理参与度调查问卷